Isabella Lauer

Warum **Katzen** immer auf den **Pfoten** landen

222 Fragen und Antworten rund um die Katze

Mit 42 Cartoons von
Klaus Espermüller

Weltbild

Inhalt

Vertragen Katzen Katzenzungen?
... und 17 weitere Fragen rund ums Kochen und Füttern
Liebe geht durch den Magen. Auch bei Katzen! Und was da durch den Magen geht, sollte möglichst auch noch gesund sein. Antworten auf die Fragen eines jeden „Dosenöffners".

Wie übersetzt man Züchter-Chinesisch?
... und 18 weitere Fragen aus der Welt der Edelkatzen
Grimmiger Perser, zottige Waldkatze, grazile Siam – die Zahl der Rassen ist groß. Sind Edelkatzen etwas ganz Besonderes oder in ihrem tiefsten Inneren einfach doch „nur" Katzen?

Wie viel verrät die Fellfarbe?
... und 17 weitere Fragen über die Qual der Katzenbabywahl
Einfach nur süß, zum Knuddeln, zum Verlieben – Katzenbabys erobern Herzen im Sturm. Bevor man sich für ein solches Fellknäuel entscheidet, sollte man aber auch den Verstand einschalten und sich diese Fragen beantworten (lassen).

Liebe Katzenfreundin,
Lieber Katzenfreund,

wer schnarcht in Ihrem Bett, braucht die halbe Bettdecke, steht in
aller Frühe lärmend auf, um sich zu beschweren, dass das Frühstück
noch nicht fertig ist? Wer kommt abends nach Hause und fällt übers
Essen her, ohne sich die Pfoten zu waschen? Wer hievt seinen Bauch
aufs Sofa, statt sich ein bisschen Bewegung zu verschaffen? Wer
schläft vor dem Fernseher bis zum Schlafengehen? Die Katzen! Sie
werden uns immer ähnlicher, fehlt fast nur noch die Bierflasche in
der Hand ...

Die Katze im 3. Jahrtausend ist gar nicht mehr die unabhängige
Abenteurerin, die nur einen ernährungsbedingten Besuch bei uns
macht, wenn ihr eine Maus entwischt ist. Die moderne Katze hängt
an uns mit Leib und Seele, und das ändert vieles. Das wirft ganz neue
Fragen auf, solche, die man früher nie gehabt hätte oder solche, die
unser modernes Leben mit sich bringen. Manche Antworten von
früher gelten nicht mehr. Und was wir heute wissen, kann in zehn
Jahren von neuen Umständen wieder überholt sein.

Beispielsweise das, was wir über die Lernfähigkeit der Katzen glaub-
ten. Sie ist deutlich größer als gedacht – nur der Lernwille fehlt ihnen
noch so im Allgemeinen. An diesem Problem wird aber bereits gear-
beitet: Die ersten Agility-Cats kann man in der Schweiz bewundern.
Würden sich alle Katzen zur Mitarbeit bei Erziehung, Spaß und Sport
motivieren lassen, käme eine neue Ära der Katzenhaltung auf uns zu.
Warten wir's ab, ob wir bald einem Katzentrainer zur Eröffnung der
ersten Cat-School (natürlich in Englisch) gratulieren dürfen.

So gibt es für uns Katzenfreunde noch vieles zu entdecken. Über 200
Fragen und Antworten dazu lesen Sie in diesem Buch, illustriert von
den bezaubernden Zeichnungen von Klaus Espermüller.

Viel Spaß dabei!
Isabella Lauer

Warum landen Katzen immer auf den Pfoten?

... und 19 weitere Fragen zu ihren besonderen Fähigkeiten

Warum wird der FALL-TRICK manchmal zum Fall-Strick?

Die Drehung auf die Füße geschieht so schnell, dass wir es mit dem bloßen Auge nicht sehen können. Manchmal aber ist den Katzen die Zeit etwas zu knapp. Und zwar dann, wenn sie aus geringer Höhe nach unten kippen. Solche Kurzflüge sind Sturzflüge, denn immerhin hat eine Katze nur eine halbe Sekunde Zeit, sich zu drehen, wenn sie von einem ein Meter hohen Tisch fällt. Fällt sie aus einer Höhe von fünf Metern, hat sie eine ganze Sekunde Zeit. Das ist auch noch nicht üppig viel, zumal jetzt auch noch die Beschleunigung dazukommt. Sie saust mit 35 Stundenkilometern in die Tiefe. Das wäre für uns Menschen schon tödlich gefährlich. Eine Katze kommt damit noch zurecht. Wird es noch höher, wird der Aufprall auch für eine Katze furchtbar sein, unabhängig davon, ob der Stellreflex funktioniert oder nicht. Dann nützt er ohnehin nichts mehr, weil die Wucht des Aufpralls zu groß ist. Deshalb sind ungesicherte Balkone auch so gefährlich! Vögel und Insekten locken eine Katze zu weit nach draußen, so dass sie das Gleichgewicht verliert und in die Tiefe rauscht. Allerdings schaffen es einige wenige Katzen trotzdem, sanfter als andere zu landen. Katzen, die aus 50 Meter hohen Wolkenkratzern New Yorks fielen, spreizten ihre Beine so weit sie konnten und segelten eichhörnchenartig wie kleine Fallschirme zu Boden. Hätten sie das Bewusstsein verloren, wären sie mit einem Tempo von 100 Stundenkilometern unten angekommen. Es ist schon erstaunlich, dass manche Katzen in diesem Moment instinktiv das einzig Richtige tun, obwohl ihre Vorerfahrungen in Sachen Fliegen eher gering sein dürften. Die meisten Katzen überleben einen solchen Sturz nämlich nicht. Versuche dieser Art sind ein grober Verstoß gegen das Tierschutzgesetz und werden strafrechtlich verfolgt.

Warum landen Katzen immer auf den PFOTEN?

Im Fall des Falles ist dieser Trick wirklich alles. Und den beherrscht von unseren Heimtieren nur die Katze. Kippt sie aus Versehen, vor Schreck oder im Schlaf vom Kratzbaum, landet sie dennoch unversehrt, sich mit den Beinen abfedernd, auf dem Boden. Ganz anders fällt ein unbelebter Gegenstand: Nach den Regeln der Schwerkraft kommt die schwere Seite zuerst unten an. Die Katze, als belebter und überdies sehr kletterfreudiger „Gegenstand", weiß nichts von den Fallgesetzen. Sie stellt diese einfach auf den Kopf und sich selbst so geschickt auf die Füße, dass man sich erst einmal gar nicht darüber wundert. Und doch ist es ein Kunststück, das die Natur vermutlich deshalb der Katze geschenkt hat, weil das Hinauf auf den Baum für sie so viel leichter als das Hinunter ist. Ihre Krallen sind nämlich alle nur in eine Richtung gebogen und es fehlt eine Gegenkralle, um perfekten Halt zu geben. So kann eine Katze flink und sicher hochklettern, muss sich jedoch mühselig rückwärts hinunterhangeln und springt den Rest, sobald sie weit genug unten ist. Da sieht der unkontrollierte „Abstieg", das Herunterfallen, manchmal sogar noch eleganter aus.

Wie aber kann sie mit den dünnen Beinen zuerst landen, obwohl der Körper viel schwerer ist? Die Antwort ist: Sie windet sich aus dieser Situation gekonnt heraus. Sie hat einen Dreh raus, wie sie die Beine

entgegen der Schwerkraft nach unten bekommt. Das zeigten Zeit-
lupenaufnahmen von Katzen, die man an den Beinen festhielt und
dann aus noch sicherer Höhe fallen ließ – nicht sehr nett, aber auf-
schlussreich: Die Katzen halten automatisch den Kopf nach oben,
schwingen die Beine hintereinander nach unten, unterstützt vom
Schwanz als Kurbel und der Wirbelsäule, die vom Hals bis zur
Schwanzspitze so verdrehbar ist, dass sie wie eine Spirale funktioniert. Diesen Trick – Stellreflex genannt – können die Kätzchen
schon, wenn sie gerade einmal fünf Wochen alt sind.

Wozu brauchen Katzen
einziehbare KRALLEN? Vorsichtig und
leise schleicht sich die Jägerin an, steigt sorgfältig um alle Hindernisse und über Stock und Stein, um der Beute nicht zu verraten,
was und wer ihr gleich ein Ende bereiten wird. Da macht es laut

„knacks" und ein zerbrochener Zweig rettet der Maus das Leben. Was haben ihr die leisesten Pfoten der Welt genützt? Nicht viel, eher gar nichts. Von der Fähigkeit, die Krallen einzuziehen, hängt das Jagdglück nämlich nicht ab. Die Krallen sind nicht allein deshalb eingezogen, damit sie kein Geräusch auf dem Boden machen. Sie stecken vielmehr wie kleine Dolche in der Scheide und werden nur zum Zuschlagen ausgefahren. So bleiben sie immer schön scharf und spitz. Und wenn sie drohen abzustumpfen, werden sie gewetzt wie Tranchiermesser, an Bäumen, Teppichen, Polstern oder am besten an eigens dafür angeschafften Kratzmöbeln. Gelegentlich liegt eine vermeintliche Kralle in der Wohnung. Dies ist aber nur die obere Hülle, die abfällt, um einer frischen Spitze Platz zu machen.

Wie PUTZT sich die Katze im NACKEN?

Was kann sich eine Katze doch verbiegen! Wir Menschen hätten längst einen Bandscheibenvorfall oder Schlimmeres, würden wir versuchen, es der Katze gleich zu tun. Dennoch ist es verwunderlich, dass sich der Hals einer Katze so weit nach hinten drehen lässt, unserer aber nicht, obwohl die Skelett-Strukturen prinzipiell sehr ähnlich sind. Ähnlich, aber eben nicht gleich, und die Erklärung steckt im Detail. Denn bei uns liegt das Schlüsselbein als starre Verbindung zwischen dem Brustbein und den Schulterblättern. Bei der Katze ist es verkümmert oder zum Teil gar nicht vorhanden. Das gewährt den Vorderbeinen viel mehr Bewegungsfreiheit, da sie locker aufgehängt sind und bei manchen Katzen nur noch durch starke Muskeln und Sehnen gehalten werden. Dazu kommt, dass die Katze einige Wirbel mehr als wir Menschen besitzt, wodurch das Rückgrat in sich schon beweglicher als unseres ist. So kann sich die Katze den Nacken sauber lecken. Es sieht zwar nicht besonders hübsch aus, wenn sie sich mit langer Zunge reckt, um den letzten Fleck zu erreichen. Aber sie kommt damit überall hin, nur nicht an den Kopf selbst.

Was ist SCHNURREN für ein komisches Geräusch?

Es ist so ähnlich wie Schnarchen und ein wenig wie Knurren. So heißt es Schnurren und ist doch ganz anders in seiner Art, seiner Bedeutung und Energie. Schnarchen, dieses Kampfgeräusch gegen das Ersticken, und Knurren, dieses Signal grundsätzlicher Kampfbereitschaft, haben mit Schnurren, dem Wohlfühl-Sound, nichts zu tun – außer dass alle drei im Kehlkopf entstehen. Man kann es nur aus der Kehle von Katzen, den kleinen genauso wie den großen, hören, und es ist möglicherweise das wohligste Geräusch auf der Welt. Wir lieben die Katzen dafür, dass sie auf so wundervolle Weise zeigen, wie gern sie sich von uns streicheln und lieb haben lassen. Die Katzenmutter beruhigt schnurrend ihre Kleinen, sie lullt sie damit ein, schickt sie auf eine Traumreise und schafft Geborgenheit, sogar wenn sie selbst krank oder mit ihren Kleinen in Gefahr ist. Auch wir Menschen fühlen uns mit einer schnurrenden Katze auf dem Schoß mit der Welt im Reinen, atmen Ruhe, entspannen und spüren eine Vertrautheit mit ihr, die ohne Schnurren eine ganz andere Qualität hätte. Am liebsten würden wir mitschnurren. So ist wohl von allen Fähigkeiten, die eine Katze besitzt, das Schnurren diejenige, die wir Menschen am liebsten erlernen würden, wenn wir könnten. Leise beim Ein- und Ausatmen mit geschlossenem Mund zu brummeln, das müsste doch gelingen, könnte man annehmen. Immerhin lässt sich doch auch das Schnarchen erzeugen, ohne dass man dabei schläft.

Aber auch viel Übung wird nichts nützen, nicht heute oder später, weil der Kehlkopf des Menschen nicht diese besondere Schnurr-Vorrichtung besitzt, die eine Katze irgendwo im Hals mit sich herumträgt. Wie sie aussieht, wissen wir nicht, weil sich diese anscheinend unsichtbar machen kann. Denn sobald man der Katze aus Forschungsinteresse in den Rachen sieht, entdeckt man nur einen eher unauffälligen Schlund – eine in diesem Moment schnurr-freie Zone überdies. Denn kaum dass der Katze etwas merkwürdig vorkommt, stoppt sie das Schnurren und wir können den genauen Mechanismus nicht von innen angucken oder studieren. Aber weil um diesen scheinbar ganz normalen Kehlkopf eine Katze drumherum ist, schnurrt es wieder, sobald die Gefahr der Entdeckung vorbei ist. So können wir Menschen unseren Katzen leider nur eine schnurrlose Kommunikation anbieten.

Wie ORIENTIEREN sich Katzen?

Katzen verlaufen sich eher selten. Weibchen und kastrierte Kater wissen immer sehr genau, wo's langgeht. Die potenten Kater rennen gelegentlich kopflos hinter einer weiblichen Duftspur her und wachen dann irgendwann, wenn der Liebesrausch verflogen ist, ernüchtert in fremder Umgebung auf. Sie brauchen manchmal eine Weile, bis sie ihre sieben Sinne wieder beieinander haben, um heimzufinden. Aber die meisten schaffen es, denn der Orientierungssinn ist bei Katzen sehr gut ausgeprägt und der nächste Winter kommt bestimmt ... Wenn ihnen dann einfällt, dass es da irgendwo eine offene Haustür für sie gibt, stehen sie plötzlich wieder vor derselben, als wäre nichts gewesen. In den meisten Fällen haben sich die Kater nicht weiter weg als in einem Umkreis von bis zu fünf Kilometern herumgetrieben. Sie orientieren sich an Geräuschen, Düften und markanten Stellen wie

Hügeln, Bahnlinien, Seen oder Türmen, fand der Katzenforscher Dr. Dennis C. Turner aus Zürich heraus.

Anwesend und doch UNAUFFINDBAR –

wie geht das? Dies gehört zu den Rätseln des Alltags. Fast jeder Katzenbesitzer hat seinen Liebling schon einmal verzweifelt gesucht und findet ihn dann selig schlummernd auf dem Sofa, als wäre er immer dort gewesen. Man müsste ihnen hinterherschleichen können, um herauszufinden, wie sie uns narren. Wenn Katzen ihre Ruhe wollen, weichen sie uns sehr gekonnt aus. Sie machen kein Klappergeräusch mit den Krallen, weil sie sie einziehen können, was Hunden zum Beispiel nicht vergönnt ist. Sie können so leise herumschleichen, dass selbst eine Maus, die von Natur aus auf der Hut vor Katzen ist, sie nicht kommen hört. Sie finden Verstecke in unseren Wohnungen, die wir nicht einmal an Ostern als passende Lücke für ein Osterei entdecken und schon gar nicht als groß genug für eine ganze Katze ansehen würden. Sie

können sich so schmal und lang machen, dass sie sich in Ritzen hinter und unter Möbelstücken verkriechen können, deren Existenz wir noch nicht einmal ahnen. Wenn eine Katze nicht gefunden werden will, kann sie sich in einem normalen Haushalt immer verstecken, selbst wenn die Wohnung eher karg eingerichtet ist. Und manchmal denkt man: Das kann doch nicht mit rechten Dingen zugehen!

Sieht eine Katze SCHARF wie ein Luchs?

So überaus gut sieht eine Katze gar nicht. Braucht sie auch nicht, denn was zählt, ist, dass sie eine Maus überhaupt erkennt. Optische Details des Mäusekörpers interessieren sie nicht weiter. Wichtig ist für sie nur, dass sie eine herumhuschen sieht. Denn erstens sind Mäuse ohnehin dämmerungsgrau oder erdbraun und zweitens sehen sie eigentlich alle fast gleich aus. Jedenfalls kann eine Katze eine Maus kaum mit einem anderen Tier verwechseln und sicherlich nicht mit einem für sie gefährlichen Gegner. Und eine schöne Maus würde genauso gefressen wie eine hässliche. Obwohl die Katze sehr gut sieht, vor allem in einem Bereich zwischen zwei bis sechs Metern, geht dies nicht aufs Konto der Sehschärfe, sondern erklärt sich mehr durch ihre Fähigkeit, kleinste Bewegungen wahrzunehmen.

Können Katzen OHNE LICHT sehen?

Eine Katze braucht genau wie ein Mensch Licht, um etwas zu sehen. Allerdings genügt ihr schon eine kleine Lichtquelle. Denn ihre Augen sind siebenmal lichtempfindlicher und funktionieren selbst bei etwas Mondlicht noch gut, wenn wir Menschen schon völlig schwarz sehen. Die Katze erkennt dann immer noch Bewegungen und das genügt ihr auch. Weil Mäuse die Hauptbeute von frei laufenden Katzen sind, ist es nur logisch, dass ihre Jäger gute Augen haben. Klein, grau und verhuscht sind die Nager schneller im Dämmerlicht untergetaucht, als wir Menschen gucken können. Wird es endgültig zappenduster, kann auch eine Katze nichts mehr sehen. Dann schaltet sie vom Sehsinn auf alle anderen Sinne um und hört, riecht und tastet sich traumwandlerisch durch den Raum. Rezeptoren an den Pfotenballen, die so genannten Pacini-Körperchen, fühlen kleinste Erschütterungen, etwa das Huschen einer Maus auf dem Waldboden. Ihre feine Nase nimmt Gerüche wahr, und die Tasthaare spüren kleinste Luftschwingungen. Dies alles dient der Katze als Frühwarnsystem, damit sie auch im Dunkeln nirgendwo anstößt. Ihre feinen Ohren ermöglichen es ihr, dass sie aufgrund von Geräuschen Entfernungen zu Personen und anderen Gegenständen gut einschätzen kann. Das ließ uns Menschen glauben, dass die Katzen im Dunkeln tatsächlich sehen könnten.

Warum leuchten KATZEN-AUGEN im Scheinwerferlicht?

Manche Autofahrer meinen, Katzenaugen wären eigens dafür geschaffen, damit sie die Träger derselben im Dunkeln rechtzeitig sehen können. An Fahrzeugen aller Art kann man sie finden, diese lichtreflektierenden Scheiben, die aufleuchten, wenn ein Lichtstrahl auf sie trifft. Die Träger der Original-Katzenaugen blinken ebenso auf, wenn sie vom Autolicht angestrahlt werden – und veranlassen den Autofahrer vom Gas zu gehen, um das Tier nicht zu überfahren. Die Natur hatte allerdings ganz etwas anderes mit den Augen der Katzen vor. Nicht das Gesehenwerden war der Gedanke dahinter, sondern die eigene Sicht etwas zu verbessern:

Katzenaugen haben eine Leuchtschicht am Augenhintergrund, genannt „tapetum lucidum" – eine reflektierende Tapete, wenn man so will. Sie erhöht den Lichteinfall im Auge, und so kann eine Katze auch ein dämmerungs- und nachtaktives Tier jagen, zumal ihr Gehör weitere Informationen liefert. Wie ein Spiegel hinter der Netzhaut fängt das Auge jedes Bisschen Licht auf und lenkt es auf die Sehzellen. Wenn die Augen nachts leuchten, kann man erkennen, dass die Pupillen weit geöffnet sind, um so viel Licht wie möglich einzulassen. Bis zu zwölf Millimeter lässt sich eine Katzenpupille weiten. Tagsüber bei großer Helligkeit wird die Pupille zu einem schmalen Schlitz, eigentlich zu einer Ellipse, verengt. Manchmal geht sie sogar ganz zu, mit Ausnahme eines winzigen Punktes oben und unten, durch den noch Licht ins Auge dringen kann. Sieht uns eine Katze mit diesem blinzelnden Schlitz-Blick an, wirkt das auf manche Menschen etwas unheimlich, erinnert diese Pupillenform doch an die Augen der Schlangen.

Sehen Katzen ROT? In der Nacht sind

alle Katzen grau. In der Nacht sehen Katzen auch alles grau. Aber sie müssen tagsüber nicht schwarz sehen und auch nicht grau oder weiß. Denn ihre Augen tragen durchaus Rezeptoren für Farbe, nur nicht so viele wie wir Menschen sie besitzen. In der Praxis mag das für die Katze bedeuten, dass sie weniger Farbunterschiede wahrnimmt als wir. Es entgehen ihr einige Nuancen, vielleicht vergleichbar mit einer 20 Jahre alten Grafikkarte im PC im Unterschied zu einer modernen. Das gilt allerdings nicht für die verschiedenen Grautöne, unter denen Katzen noch die subtilsten Abstufungen herausfinden können. Nach der Untersuchung der Farbrezeptoren im Katzenauge ergab sich, dass Katzen zwischen Grün, Blau, Grau und

Rot unterscheiden können. Grün sehen sie anders als Blau oder Grau. Gelb, Grau und Blau sind für sie ebenfalls voneinander unterscheidbar. Nur Gelb, Orange und Rot sehen für sie vermutlich ähnlich aus. Früher dachte man sogar, dass Katzen Rot wie Grau sehen; heute weiß man aus Studien, dass sie Rot sogar ganz besonders gern mögen.

Können Katzen LÄRM ertragen?

Empfindet ein Tier, das Mäuse trippeln hört, einen Lastwagen nicht als unerträglich laut? Die Waschmaschine, ein Wecker, Geräusche vom Fernsehen, das Telefon, die Türklingel – alles Lärm, der sogar uns Menschen ziemlich auf die Nerven gehen kann. Den Katzen macht dies dennoch nicht viel aus. Denn ihr Gehör ist zwar sehr gut, vor allem, was die hohen Töne angeht. Die Lautstärke hat jedoch nichts mit der Tonhöhe zu tun, und nur weil eine Katze Frequenzen hört, die bis zu einer Oktave über unserem Hörbereich liegen, ist ihr Gehör nicht empfindlicher. Die tieferen Töne hört sie deshalb auch nicht lauter als sie sind. Im niedrigen Frequenzbereich empfangen ihre Ohren genauso gut oder schlecht wie unsere Ohren. Aber von all den körperlichen Fähigkeiten abgesehen: Brüllt man eine Katze an, hört sie besonders schlecht.

Wie können sie nur so viel SCHLAFEN?

Die haben es wirklich gut, unsere Katzen. Vom süßen Nichtstun erholen sie sich gut und gerne in zehn verschiedenen Nickerchen, bevor sie sich zur Nachtruhe in unserem Bett ausstrecken. Etwa um 4 Uhr morgens fühlt sich der kleine Penner im Bett dann auf seltsame Weise ausgeschlafen. Bis zum nächsten Nickerchen, das er antritt, wenn der Wecker läutet, springt er ein wenig mit lautem Geschrei über die Bettdecke und signalisiert uns, dass er einem Fünf-Uhr-Frühstück nicht abgeneigt wäre. Das macht natürlich sehr müde. Und während sich Herrchen oder Frauchen nach einer irgendwie zu kurzen Nacht aus dem Bett quälen, liegt das geliebte Tier bereits wieder da und guckt vorwurfsvoll, warum man so viel Lärm macht. Auf diese Weise schaffen es Katzen, 65 Prozent ihres Lebens zu verschlafen. Reine Wohnungskatzen bringen es sogar auf über 80 Prozent, das sind rund 20 Stunden täglich. Sie sind als dämmerungsaktive Tiere nicht so wie wir Menschen an einen Tag-Nacht-Rhythmus gebunden. Und die Dämmerung, das weiß man ja, dauert keine Stunden und ist auch noch auf zwei Episoden verteilt. Den Rest des Tages sagt die innere Uhr der Katze: Ruh dich aus, tu, was du willst.

Warum laufen Katzen problemlos übers heiße BLECHDACH?

Die Vorfahren unserer Hauskatzen waren in der Wüste Nordafrikas zu Hause, wo sie tagsüber über knallheißen Sand laufen mussten. So hat sich die Katze zu einem Tier entwickelt, das relativ hitzeunempfindlich ist, vor allem an den Pfotenballen. Bis 52 Grad (Menschen nur bis 44 Grad) hält eine Katze aus und es dauert ziemlich lang, manchmal zu lang, bis sie bemerkt, dass es unangenehm wird. Zum Problem werden daher für eine Katze heiße, ungesicherte Herdplatten und brennende Kerzen. Denn bis sie spürt, dass sie ihren Schwanz in die Flamme hält, brennt ihr Fell schon und sie guckt auch noch interessiert dabei zu. Dann erst tut es ihr plötzlich weh. Und obwohl sie warme Räume liebt, ist ein 80 Grad heißes Auto in der Sonne auch für eine Katze viel zu heiß!

Warum KNIRSCHT eine Katze vor dem Fenster mit den Zähnen? Was

für eine Verlockung! Da hüpfen die Vögel frech direkt vor der Balkontür, flattern ums Futterhäuschen und sind zum Greifen nah. Meisen und Co. wissen genau, ob sich die Katze in den Garten pirschen und ihnen gefährlich werden kann. Darf sie nicht raus, quittiert sie den Frust entgangener Jagdfreuden mit Zähneknirschen. Die Katze knistert und knöttert vor sich hin und man kann gewiss sein, dass sie dem frechen Kerl da draußen nur zu gerne den Garaus machen würde. Das Geräusch mit den Zähnen nennt man eine Übersprungs- oder Ersatzhandlung und wir kennen diese auch von uns. Wenn wir uns aus Verlegenheit am Kopf kratzen, ist das so ähnlich. Solche Verlegenheitsgesten sind entwicklungsgeschichtlich gesehen schon sehr alt. Denn auch die Affen kratzen sich am Kopf, wohl wissend, dass man da drinnen eigentlich denken könnte. Eine Katze knirscht nur im Fall entgangener Jagdfreuden mit den Zähnen, nicht aber bei anderen Situationen, die für sie dumm gelaufen sind. Denn dann setzt sie sich lieber schnell mal wo hin und schleckt sich flüchtig eine Pfote oder die Flanken.

Warum können Katzen so gut HOCH SPRINGEN?

Mäuse sind extrem gute Springer. Sie können aus dem Stand ein Vielfaches ihrer Körperhöhe hochspringen. Katzen können das auch, immerhin das Fünffache ihrer Größe. Da aber die Beute der Katzen normalerweise kein Wettspringen mit ihren Jägern veranstaltet und schon gar nicht in die Höhe, hat diese Sprungkraft einen ganz anderen Sinn. Nämlich den nach vorne. Katzen rennen nicht hinter ihrer Beute her, sie machen einen Satz und „Zack!". Die Hinterbeine der Katzen sind Muskelpakete mit kräftigen Sehnen, die eine Katze blitzschnell nach vorne katapultieren. Und was nach vorne funktioniert, klappt genauso geschmeidig und punktgenau weit nach oben. Es sieht auch noch mühelos aus, wenn eine Katze aus dem Stand heraus auf dem Kratzbaum landet, als wäre er nur ein kleines Höckerchen. Wir Menschen kämen mit unserer Sprungkraft aus dem Stand nicht einmal auf einen Stuhl, wenn wir katzenklein wären.

Warum GRINST sie manchmal mit offenem Mund?

Die eine scheint zu lachen, die andere verzieht das Gesicht zu einer ulkigen oder einfach nur blöden, sogar angeekelten Grimasse. Der Ursprung ist in jedem Fall der Gleiche: Die Katze riecht gerade etwas höchst Interessantes aus der Welt der Sexualhormone oder artverwandter Düfte. Das zieht sie sich auf diese Weise direkt rein. Ohne Umweg über die Nase lässt sie die Moleküle durch ein Organ im Rachenraum streichen und reagiert mit Verzücken, Entzücken, Verrücken, Berücken – oder Ekel. Und das sieht dann so aus, als würde sie lachen oder Faxen machen. Man nennt das Flehmen. Wenn ein potenter Kater erst einmal einen solchen Geruch wahrnimmt,

kennt er kein Halten mehr und möchte dem so intensiv wahrgenommenen Duft folgen, um für die Arterhaltung zu sorgen. Zur Sicherheit, damit die Verlockung auch gut ankommt, können Katzen diesen Duft eben mit diesem speziellen Empfängerteil, dem so genannten Jacobson-Organ, wahrnehmen. Es liegt am oberen Gaumen und hilft dem Kater unter anderem auch, den gesundheitlichen und sexuellen Zustand der Partnerin festzustellen. Zum Flehmen heben die Tiere ihren Kopf leicht an, öffnen etwas das Maul und ziehen die Oberlippe weit zurück und genießen vermutlich schon einen Vorgeschmack der auf sie zukommenden Affäre. Der Duft gerät von dort über Nebenhöhlen-Wege sozusagen direkt ins Kleinhirn. Wenn es um die Paarung geht, braucht es ja das Großhirn nicht.

Kann eine Katze GEDANKEN lesen?

Die strenge Naturwissenschaft ist hier ganz klar in ihrer Ansicht: Katzen können nicht denken, nicht lesen und erst recht keine Gedanken lesen. „Ja ja", denkt der Katzenhalter, der weiß, dass im Köpfchen seiner Katze sehr wohl Gedanken kreisen wie „Wenn ich jetzt Radau mache, wachen die auf und füttern mich." etc. Ob sie das in deutsch, in französisch oder kätzisch denkt, spielt keine Rolle. Ein zielgerichtetes, absichtsvolles Verhalten setzt immer einen entsprechenden Denkprozess voraus. Und wer würde behaupten, dass eine Katze, die vor der Tür sitzt und lauthals hinausgelassen werden möchte, nur zufällig vorbeikam und aus Versehen miaut und das auch noch so laut, dass sogar ein Schwerhöriger zur Tür springt, um sie hinauszulassen? Katzen hören, riechen, sehen und fühlen einfach alles meist besser als wir. Sie haben von Natur aus sehr viel schärfere Sinne und nehmen alle Signale auf, die wir aussenden. Sie können auch kleinste Nuancen, die uns Menschen nicht einmal auffallen, wahrnehmen und interpretieren. Und ohne ein Gehirn, das diese Wahrnehmungen verarbeiten und zu einem Gesamteindruck verknüpfen kann, wären diese Super-Sinnesleistungen zu nichts nütze. Da muss es nicht wundern, wenn eine Katze, die schon einige Jahre an der Seite ihres Halters lebt, in ihm liest, wie in einem offenen Buch.

Haben Katzen
HELLSICHTIGE Momente?

Noch einmal die Naturwissenschaft: Wenn von Hellsichtigkeit oder einem sechsten Sinn gesprochen wird, halten sich die Forscher mit ihren verdammenden Worten eher zurück. Denn dort, wo übersinnliche Kräfte sinnvoll walten, ist ohnehin nichts nachprüfbar, gibt es keine Beweise. Wer sich als Wissenschaftler auf esoterisches Glatteis begibt, macht sich seinen Ruf kaputt. Es gibt jedoch auch ernst zu nehmende Forscher, die Modelle für solche Fälle entwickeln. Sie versuchen zum Beispiel zu erklären, woher Katzen wissen, dass jeden Moment ihr geliebter Mensch nach Hause kommen wird. Man kann sich zusammenreimen, dass eine solche Katze einige typische Vorbereitungen im Haus sieht und aus Erfahrung weiß, dass jetzt gleich das Herrchen oder Frauchen heimkehrt. Wie kann das jedoch funktionieren, wenn dieser zu einer Zeit zurückkehrt, die für ihn unüblich ist?

PSI-Forscher haben aufgrund ihrer Beobachtungen eine eigene Erklärung, allen voran der Brite Rupert Sheldrake. Er meint, dass zwischen zweien, die schon lange zusammengehören, ein unsichtbares Band besteht, ein so genanntes morphisches Feld, das außerhalb von Zeit und Raum und anderen physikalischen Gegebenheiten existiert. Eine starke emotionale Bindung hält dieses Feld zwischen Katze und Mensch aufrecht. Und es ist tatsächlich auffällig, dass über diese besondere Gabe ihrer Tiere vor allem Halter mit sehr enger Bindung an ihr Tier erzählen, die schon ein Katzenleben lang intensiv mit ihrem Tier gelebt haben. Interessant ist, dass man dieses Prinzip inzwischen sogar in der Quantenphysik beobachten kann: Trennt man die Hälften eines Teilchens weit auseinander, bleibt dennoch eine unsichtbare Bindung zwischen diesen Hälften bestehen. Und die sorgt dafür, dass man nur eine Hälfte anstoßen muss, damit sich die andere ohne erkennbaren Kontakt in genau die gleiche Richtung dreht.

Wie sehen sie
KATASTROPHEN kommen?

Katzen spüren, dass ein Erdbeben kommt, lange schon, bevor die Häuser wackeln und wir selbst es merken. Auch Hunde und andere Tiere besitzen diese Fähigkeit. Bis wir Menschen uns mit unseren eher bescheiden ausgeprägten Sinnen überhaupt erklären können, was gleich über uns herein- und vielleicht auch unter uns herausbricht, sind die Tiere längst in Panik. Das erste leichte Vibrieren genügt einer Katze, um die Gefahr zu wittern. Es ist trotzdem erstaunlich, dass sie weiß, dass aus einem Vibrieren Schlimmes entsteht. Immerhin hat ja auch eine Katze keine Erfahrungen mit Erdbeben.

Sie spürt auch Unwetter heraufziehen. Vor starken Gewittern liegt eine unheilschwangere Stimmung in der Luft, die sogar wir Menschen empfinden können. Erst recht eine Katze, die wohl anhand von elektrischen und magnetischen Zuständen auf unserer Erde auf die atmosphärischen schließen kann. Was genau der Ursprung der Information für die Katze ist, weiß man bis heute nicht und auch nicht, wie sie es empfängt.

Sind Katzen frühjahrsmüde?
... und 18 weitere Fragen über erstaunliche Verhaltensweisen

Warum springt sie Katzenhassern AUF DEN SCHOSS?

Diese Situation ist nur auf den ersten Blick merkwürdig, nicht aber auf den zweiten. Stellen Sie sich vor, es kommt Besuch, setzt sich auf das Sofa und da schlendert die Katze neugierig herein. Einer der Gäste versinkt mit verschränkten Armen in der Tiefe der Polster, alle anderen stürzen sich auf die Katze. „Was für eine süße Mieze!", rufen sie und wollen sie alle gleichzeitig auf den Arm nehmen. Die Katze rennt weg (Variante 1) oder sie springt genau dem Menschen auf den Schoß, von dem sie aufgrund seiner deutlichen Zurückhaltung sicher sein kann, dass er sich nicht mit Gebrüll auf sie stürzen wird (Variante 2). Nicht bedacht hat sie und konnte sie auch nicht, dass sie einen Katzenfeind ausgewählt hat, ihr auf seinem Schoß Asyl zu bieten. Viele Katzenhasser tun das – allerdings nicht aus Überzeugung, sondern weil sie starr vor Schreck sind und sich selbst erst wieder fangen müssen, bevor sie in der Lage sind, das Tier über seinen Irrtum aufzuklären. Kaum dass die Katze oben sitzt, spürt auch sie die Ablehnung. Dann sitzt sie dort auf dem Schoß eines vor Ablehnung verkrampften Besuchers selbst nicht entspannt. Das erkennt man an der Hock-Stellung, die Beine untergeschlagen.

Warum reiben Katzen ihre WANGEN an uns?

Ich mag dich! Willkommen im Club! Wenn eine Katze sich anschmiegt, ist das eine große

Ehre – besonders für jemanden, den sie eben zum ersten Mal sieht. Sie reibt sich an den Beinen, an Hals, Kopf, Hand oder Schultern, fängt bei den Wangen an und genießt es bis zu den Flanken. Sie schickt gerne ein Nasenküsschen als liebevolle Einleitung voraus und oft ist ihre Begeisterung so groß, dass sie mit den Vorderpfoten direkt vom Boden abhebt. Diese Zeremonie hat eine ähnliche und doch weiterreichende Bedeutung wie unser Händeschütteln: Denn neben der Begrüßung markiert die Katze ihren Menschen mit ihrem Duft. Unbemerkt für diesen selbst erfahren andere Katzen, dass dieser Mensch ein Katzenfreund – aber einer, der auch schon besetzt ist.

Sind Katzen FRÜHJAHRSMÜDE?

Nein, im Gegenteil: Im Frühling explodieren die Gefühle der Katzen geradezu. Da lagen sie den ganzen Winter lustlos meistens irgendwo in der Wohnung herum und strotzen nun plötzlich vor Abenteuerlust, sind aktiv, drängen nach draußen, toben durch die Wohnung. Die Veränderung geschieht nicht allmählich, sondern ziemlich plötzlich. So wie auf einmal die ersten Triebe aus der Erde spitzen, spitzen die Katzen ihre Ohren und horchen auf ihre eigenen Triebe. Wenn man nicht wüsste, dass Frühlingsgefühle die Katzen am Wickel haben, man könnte sie für krank halten – oder für unerwartet gesundet.

Die träge, winterdepressive Katze hat dann plötzlich ihre alte Form wiedererlangt. Dann so allmählich wird sie wieder ruhiger. Der Sommer steigert die Aktivitäten der Miezen nicht weiter. Die Halter beobachten, dass die Unternehmungslust etwas abnimmt und das, obwohl die Tage länger und die Nächte wärmer werden. Zum Herbst hin verändert sich weniger als vermutet: Die meisten

Katzen sind im Herbst so aktiv wie im Sommer. Das Frühlings-
hoch erreichen sie nicht mehr, obwohl jetzt die Tage und Nächte
wieder ähnlich lang sind wie ein halbes Jahr zuvor. Der Winter-
schlaf, in den die Natur sinkt, steckt auch die Katzen an. Sie sind
im Winter faul und gefräßig, mit Ausnahme von einigen Frosties
(etwa jede zehnte Katze), die sich gerne im Schneetreiben herum-
treiben.

Warum liegen Katzen so gerne auf dem COMPUTER?

Na klar, wegen der Maus! Aber nein, eine PC-Maus ist für Katzen
zum Spielen nicht so richtig attraktiv. Trotzdem liegen sie am liebsten auf dem Computer, auf der Tastatur, sitzen auf dem Bürostuhl
oder Bildschirm, füllen die Scannerfläche aus oder machen Faxen
auf dem dazugehörenden Gerät. Was daran so attraktiv ist? Die
Wärme einerseits, aber nicht nur. Denn die Nähe zu Ihnen oder Ihr
Geruch lässt sie diese Plätze mit Wonne aufsuchen.

Dennoch ist es besser, eine Katze weder auf noch neben dem PC,
Drucker, Fax, Fotokopierer etc. schlafen zu lassen, denn die Geräte
könnten überhitzen. Und da die Ventilatoren Luft ansaugen und
somit auch herumfliegende Katzenhaare ins Innere der empfind-
lichen Elektronik befördern, legen diese in größeren Mengen ein
Gerät mit der Zeit lahm.

Was tun, wenn die Katze KABELSALAT liebt?

Wenn sie am Stromkabel herumknabbert, gehen bei ihr die Lichter aus.
Für immer, wenn man Pech hat. In diesem Fall fährt man zweiglei-
sig am besten: Kabel verstecken und Katze erziehen. Zunächst

sperrt man die Kabel hinter oder in die Schränke und verlegt möglichst viele davon unter Putz. Das, was auf diese Weise nicht
geschützt werden kann, bekommt einen Überputz-Kabelschacht
oder wird in ein flexibles Rohr gezogen. Der britische Katzenpsy-
chologe Dr. Peter Neville hat dann folgende Therapie entwickelt:
Die Katze mit vielen Spielen auf andere Objekte lenken, damit
andere Spielzeuge interessanter werden. Das Futter, den Fütterort
und die Fütterzeiten verändern, damit man ausschließen kann,
dass hier nicht eine Appetit-Störung vorliegt. Andere Kaumöglich-
keiten anbieten, z.B. gekochte Rindergurgel oder Sticks und Stäb-
chen aus den Futterregalen im Supermarkt. Nach etwa drei
Wochen kann man ein mit Eukalyptusöl (oder Mentholöl) präpa-
riertes Stück Kabel als Köder auslegen und heimlich beobachten,
wie das Tier darauf reagiert.

Warum kneten Katzen beim SCHMUSEN mit den Pfoten auf uns herum?

Das nennt man „Treteln" und ist in
Ordnung, wenn die Katze dabei entspannt ist, schnurrt und vielleicht sogar die Augen schließt. Dann träumt sie gerade von diesen
herrlichen aber vergangenen Zeiten an Mutters Zitze, als ihre wich-
tigste Aufgabe noch das Trinken war und sie die Milchleiste mit
eben diesem Treteln massierte. Sie fährt dabei die Krallen immer
ein Stück heraus und wieder ein, was bei einem Katzenwelpen
noch kaum spürbar ist, bei einer ausgewachsenen Katze dafür
umso mehr! Und bald schon sieht man die Spuren der Tretelei den
Bett- und Kissenbezügen, Pullovern und T-Shirts an. Wer deshalb
keine Lust hat, sich als Mutterbrust zu fühlen und sich die Wäsche
bekneten zu lassen, kann das „Baby" ohne Schaden für dessen
empfindliche Seele einfach hinuntersetzen.

Brauchen Katzen einen
SCHNULLER?

Es ist ja irgendwo sehr süß und rührend, wenn ein Kätzchen sich seinem Menschen an den Hals wirft, in den Haaren tretelt und dann auch noch an der Haut zu nuckeln beginnt. Beliebte Ersatz-Zitzen sind die Ohrläppchen, die Armbeuge, Hals, Kleidung etc. Alles wird benuckelt und belutscht, bis der Speichel aus dem Mäulchen tropft. Wir hingebungsvollen Katzenhalter stellen uns willig als Schnuller zur Verfügung, selbst wenn der Sabber schon den Hals entlangrinnt und das Kissen volltropft. Es fällt sehr schwer, dem Kätzchen diesen wohligen Moment zu nehmen. Denn man hat ihm ja schon viel zu früh die Mama weggenommen bzw. umgekehrt: Noch immer werden Jungtiere viel zu früh, vor der achten Lebenswoche, von der Mutter weggeholt und entwickeln dann ziemlich sicher irgendwelche Macken, von großer Ängstlichkeit bis zum Schnullern. Man kann das abgewöhnen, indem man sie konsequent nicht gewähren lässt. Die kleine Katze sucht sich dann einen Ersatz: ein Stück Stoff – oder auch den Hund.

Haben auch Katzen „ihre TAGE"?

Ja, aber logischerweise nur die unkastrierten Weibchen. Wenn die „ihre Tage" haben, geht es so zur Sache, dass man es nicht übersehen und erst recht nicht überhören kann. Sie wälzen sich auf dem Boden mit einer Art wehklagendem Geschrei, verdrehen die Augen und recken die Hinterpartie in die Höhe. Eine unmissverständliche Aufforderung für den Kater – hier einmal jugendfrei formuliert –, sich an seine Pflichten zu erinnern bzw. nun endlich zur Tat zu schreiten.

Bei der Katze sind diese Tage nicht der Abbruch der befruchtungsfähigen Periode wie bei der Frau, sondern im Gegenteil der Höhe-

Auch Katzen können jeden Monat in eine „Krise" geraten.

punkt derselben. Das Weibchen ist dann nicht mehr ganz bei sich. Die Geschlechtshormone übernehmen dann für bis zu zehn Tage das Regiment und veranlassen sie, sich wie verrückt zu gebärden. Man nennt das rollig. Wenn kein Kater dem Teppich-Wälzen ein Ende setzt, stoppt es nach einigen Tagen von selbst. Dann aber kann es schon zwei Wochen später wieder losgehen. In einigen Fällen hört die Rolligkeit gar nicht mehr oder nur noch kurz von selbst auf. Eine Kastration ist die einzige vernünftige Lösung, dauerhaft Ruhe vor diesen sehr nervigen Zuständen zu bekommen. Wer nicht züchten will, lässt die Katze kurz vor Erlangen der Geschlechtsreife kastrieren. Hauskatzen erlangen die Geschlechtsreife mit ungefähr acht bis zehn Monaten, die Kater etwas später als die Kätzinnen.

Sind Katzen LAUNISCH und unberechenbar?

Schnappt ein Hund zu, wenn ihm etwas nicht passt, gilt er als schlecht erzogen. Beißt oder kratzt eine Katze in einer vergleichbaren Situation, wird sie als falsch angeprangert. Dabei hat sie zuvor gewarnt, ebenso wie ein Hund – nur anders. Den plötzlichen Stimmungsumschwung ihres Tieres kennen Katzenhalter nur zu gut. Zumeist gehen Katzen weg, wenn sie keinen weiteren Kontakt wollen. Manche aber wollen da nicht weg, wo sie gerade liegen, und kratzen, wenn wir diesen Wunsch nicht respektieren und nicht sehen, dass ihr Fell zuckt, sich die Schwanzspitze bewegt, sie schon ihre Ohren zurückgestellt haben und somit sagen: Hör doch jetzt endlich auf mit dem Gestreichel! So teilt eine Katze mit, dass sie in Ruhe gelassen werden will. Hat ihr Halter diese Anzeichen ignoriert, dann macht sie es eben deutlicher. So ist das aus ihrer Sicht. So wenig, wie manche Menschen diese Wesensart der Katze kennen, so wenig kennen Katzen auch uns Menschen. Aber sie leben, historisch gesehen, im Vergleich zu den Hunden etwa ein Drittel so lange an unserer Seite. Hätten sie ein paar Tausend Jahre mehr Erfahrung mit uns, würden sie vielleicht schon deutlichere Warnzeichen geben, zum Beispiel knurren.

Warum schreit eine Katze, wenn jemand FLÖTE spielt?

Selbst gespielte Hausmusik eines Durchschnitts-Virtuosen trägt nur wenig zur Unterhaltung einer Katze bei: Schrille und schräge Flöten- und Geigentöne lassen viele Katzen völlig ausflippen. Man wundert sich, dass ausgerechnet sie, deren eigene Töne nicht über die Melodiosität eines schnarrenden Futternapfes hinausgehen, sich über die Anfänger-Künste eines Musikers so lauthals beschweren. Genauso reagieren sie auch auf das Pfeifen mit den Lippen oder einer Pfeife. Es fällt auf, dass sie umso heftiger reagieren, je deutlicher das Geräusch vom Menschen selbst erzeugt wird. Sogar ein Hustenanfall ihres Halters bringt manche Katze auf den Plan: Zuerst kommt sie angerannt, maunzt aufgeregt, springt auf den Schoß, schnurrt laut und pfotelt ins Gesicht. Wenn das alles nicht dazu führt, dass die Geräuschkulisse wieder normal wird, gerät manche Katze sogar richtig in Wut. Sie fährt die Krallen aus. Das Geräusch scheint ihr weh zu tun, unangenehm zu sein und vielleicht macht es ihr auch Angst. Immerhin weiß eine Katze, wie sich ihr Mensch im Normalfall anzuhören hat. Aber dieses Geräusch – das kann ja nicht normal sein!

Warum SCHREIEN manche Katzen laut ohne erkennbaren Grund?

Dass Katzen viel reden, gibt es öfters. Dass sie aber außerhalb der Rolligkeit so laut schreien, dass es nervt oder die Nachbarn stört, hört man selten. Denn Katzen mögen Lärm normalerweise selbst nicht. Die üblichen Gründe für Schreien oder Wehklagen sind Bitten nach Futter oder einer geöffneten Tür – und das sogar bei genügend Futter im Napf oder einer Tür mit Katzenklappe. Manchmal hört man von Katzen auch den „Maus dabei!"-Schrei, der sich anhört wie eine Mischung aus Wehklagen und Hallo, hier bin ich. Manche Rasse, allen voran die Siam und ihre orientalischen Rasseverwandten, miauen aus reinem Lebensgefühl heraus. Eine Katze kann auch einen Gehörschaden haben und deshalb besonders viel schreien. Das kennt man allerdings nur von weißen Katzen, wobei es manchmal schon genügt, dass der Kopf weiß ist. Es kann auch sein, dass das Geschrei nach einem Umzug plötzlich ganz von selbst aufhört.

Sind Katzen RECHTS- oder LINKSPFÖTER?

Katzen sind tatsächlich mehr nach rechts als nach links orientiert. Die meisten setzen zwar auch gerne ihre linke Pfote ein, aber deutlich weniger oft als die rechte. Besonders gut zeigt sich die Rechtslastigkeit, wenn Katzen schlafen: 55,8 Prozent liegen vorwiegend auf der rechten Körperseite, die Kätzinnen sogar zu 61,2 Prozent. Auf links

Nur jede zehnte Katze ist „Linkspföter".

schlummerten dagegen nur 27,2 Prozent. 12,1 Prozent bevorzugen beide Körperhälften gleich und 5,1 Prozent der Katzen konnten nicht häufig genug in einer dieser Schlafstellungen beobachtet werden, lagen auf dem Bauch oder dem Rücken, ergab eine Umfrage von „Geliebte Katze".

Warum PUTZT sie sich so häufig?

Einmal abgesehen von der großen Wäsche nach den Mahlzeiten gibt es für Katzen unzählige Gelegenheiten, sich zu lecken. Da wurde ein Spielzeug nicht erwischt, da steht Frauchen plötzlich und unerwartet vor der Mieze, da ist die Schlafmütze aus Versehen von der Fensterbank gekippt. Und immer findet sie gerade dann eine Stelle im Fell, die nicht ganz sauber ist. Waschzwang, oder was? Putzen ist in diesen Fällen eine reine Verlegenheitsgeste, so wie wir Menschen uns am Kopf kratzen, wenn etwas nicht wie geplant funktioniert. Diese „Oh verflixt!"-Gestik nennt man im Psychologenjargon „Übersprungshandlung", eine Tätigkeit, die mit dem eigentlichen Vorhaben gar nichts zu tun hat.

Können Katzen
SCHNARCHEN?

Schnarchen gehört zu den Erscheinungen, die die Zivilisation und offenbar auch die Domestikation unserer Haustiere mit sich bringt. Ein kleines Tier wie eine Katze, das sich in der Wildnis zum Schlafen in ein Versteck verkriecht, um vor Raubtieren sicher zu sein, wird kaum laut vor sich hinschnarchen. Oder höchstens eine Nacht. Heute werden die kleinen Schnarchsäcke nicht mehr gefressen, sondern geliebt.

Bei Hunden wundert sich schon keiner mehr darüber, dass sie schnarchen. So schnarcht schon jeder fünfte Hund (21 Prozent), fand der amerikanische Schlafforscher John Shepard von der Mayo Klinik in Rochester heraus. Katzen fallen dagegen mit bislang 13 Prozent seltener als nächtliche Lärmbeutel auf – vor einigen Jahren waren es sogar nur sieben Prozent. Tendenz steigend, denn erst jetzt wird Katzenschnarchen allmählich zum Problem, dürfen doch rund 80 Prozent von ihnen mit ins Bett. Manche anatomischen Besonderheiten zaubern das nächtliche Geräusch beinahe zwangsläufig hervor. An erster Stelle rangiert hier ein durch Zucht verkürzter Nasen-Rachen-Raum, häufig bei Perserkatzen, Exotic Shorthair, manchen Britisch Kurzhaar und anderen.

Haben Katzen
SCHWEISSFÜSSE?
Katzen können nicht schwitzen, außer an einer Stelle – an den Füßen. Nur riechen wir es nicht. Wenn Katzen wie viele von uns Menschen tagein, tagaus immer dieselben, engen Schuhe anhätten, könnte man vielleicht tatsächlich auch als Mensch den Geruch der Katzenfußsohlen riechen. So aber bleibt dieser Duft den Katzennasen vorbehalten. Wir können den Geruch dafür manchmal als Krallenspuren „sehen". Dann nämlich, wenn mit eben diesem Fußschweiß ein Sofa, Bettpfosten oder Türrahmen oder eine Jeans, in der Sie drinsteckten, frisch markiert wurde. Draußen sind solche Kratzstellen häufig auf der Schmutzmatte vor dem Eingang, an einem Zaunpfahl, einem strategisch wichtigen Baum und ähnlichen Plätzen zu finden. Nicht überall will die Katze sich nur die Krallen schärfen. Sie teilt vielmehr dem übrigen Katzenvolk aus der Nachbarschaft mit, wer hier wohnt, wem dieser Ort gehört und welcher Artgenosse hier allenfalls geduldet wird. Natürlich kratzen Katzen auch, um sich die Krallen zu schärfen – hier verbinden sie nur das Angenehme mit dem Nützlichen.

Warum wirft sie FUTTER in den Wassernapf?
Diese Marotte geht vermutlich auf eine für die Katze positive Erfahrung zurück, die sie eher zufällig machte, als ihr ein Futterstückchen aus Versehen in den Napf fiel. Die Gründe, es dann immer wieder hineinzutauchen, können sein: Das Wasser bekommt einen besonders angenehmen Geruch oder Geschmack. Oder die Katze „trinkt" vielleicht nicht gerne, sondern frisst lieber nasses Futter. Es kann auch sein, dass ihr das Angeln und Herumplantschen einfach nur Spaß machen. Möglicherweise benimmt sie sich sogar wie ein Waschbär, der seinen Namen davon

hat, dass er Futter ins Wasser taucht, bevor er es frisst. Dieses Verhalten zeigen die Waschbären nur in Gefangenschaft, nicht aber in der freien Natur. Forscher glauben, dass eine Instinkthandlung vorliegt, wenn ein Waschbär seine Futterbrocken erst in den Napf tunkt, bevor er sie frisst. Ihm schmeckt es nur, wenn er das Futter aus dem Wasser fischen kann. Ob das auch für manche Katze gelten kann, ist nicht gewiss.

Warum will sie REIN, obwohl sie gerade erst RAUS ist?

Tür auf, Tür zu, Tür auf, Tür zu. So geht das manchmal den ganzen Tag. Die Katze scheint sich einfach nicht entscheiden zu können, auf welcher Seite sie wirklich sitzen möchte. Das ist unsere Sicht vom kätzischen Rein und Raus. Die Sicht der Katze ist ganz anders: Sie bewegt sich ganz normal innerhalb ihres Lebensraumes, sieht mal hier nach dem Rechten, dann wieder dort. Ist auch kein Eindringling im Revier? Ist die Tür offen, behält sie den Überblick, weiß, was auf beiden Seiten passiert, und muss deshalb auch nicht unentwegt nachsehen. Schließen wir die Tür, entsteht offensichtlich dieses „Was tut sich denn da drüben?"-Gefühl. Da muss die Katze natürlich sofort nachsehen. Und „Miau" steht sie vor der Tür oder sie kratzt ein bisschen daran. Es gibt auch einige besonders neugierige Miezen, die an der Tür hochklettern oder -springen, um durch eine eventuell vorhandene Glasscheibe zu gucken. Manche machen sich dabei gleich selbst die Tür auf. Das kann recht praktisch sein. Aber man hatte andererseits auch Gründe, warum man die Tür zugemacht hatte. Solange keine Tür ihr Streifgebiet in zwei Teile teilt, fällt uns Menschen gar nicht auf, dass die Katze zu ihren Patrouille-Zeiten ständig hin- und herwandert. Erst wenn wir praktisch „mitwandern" müssen, um Türöffner zu spielen, werden wir darauf aufmerksam. Die elegantesten Lösungen für das Problem sind: Eine Katzenklappe bzw. angelehnte Zimmertüren. Das ist auf jeden Fall billiger als ein zerkratztes Türblatt ersetzen zu müssen.

Wie FINDEN Katzen sogar über Hunderte von Kilometern NACH HAUSE?

Bei Brieftauben und Zugvögeln wundert sich niemand, dass sie nach Hause finden. Und doch weiß keiner wirklich, wie sie's machen. Denn die Orientierung am Magnetfeld der Erde kann so exakt nicht sein, dass man auf die Hausnummer genau dort ankommt, wohin man will. Dass diese Pfadfinderfähigkeit auch Katzen und Hunde besitzen können, ist umso erstaunlicher, da sie nicht darauf angelegt sind, so weite Strecken zurückzulegen wie Zugvögel. Noch erstaunlicher ist, dass Katzen ihre Menschen auch aufspüren können, wenn diese ganz woanders sind: Gerne wird die Geschichte von Sugar erzählt, einer Perserkatze, die beim Umzug ihrer Familie von Kalifornien nach Oklahoma aus dem Wagen sprang und verschwand. Ein Jahr später stand sie dann in Oklahoma bei ihrer Familie vor der Haustür. Sie war fünfzehnhundert Kilometer querfeldein gelaufen und fand ihre Familie, obwohl sie nie dort gewesen war. Mit Orientierung kann das nichts mehr zu tun haben. Der Parapsychologe Rupert Sheldrake erklärt dieses Phänomen mit einem unsichtbaren Band, das zwischen zweien besteht, die zusammengehören oder zuvor eine wesentliche Einheit gebildet haben (siehe S. 34). Manche Lebewesen spüren dieses Band offenbar stärker als andere.

Wie kommt die Katze zu sprichwörtlich „NEUN LEBEN"?

Katzen winden sich aus allerlei Kalamitäten heraus, die anderen Tieren längst den Garaus gemacht hätten. Diese erstaunliche Kunst ist den meisten Haltern Erklärung genug, warum ausgerechnet Katzen so viellebig sein sollen. Aber die Zahl Neun ist auch eine besondere Zahl in vielen Kulturen. Sie gilt in der Mythologie als DIE göttliche Zahl, die dreimal die Dreiheit darstellt, was schon vor dem Christentum eine besondere Konstellation war. Und aus ägyptischer, arabischer und nordisch-skandinavischer Sicht gibt es sogar Beziehungen der Zahl Neun einerseits zum Göttlichen und andererseits zu den Katzen.

Viele kennen die Geschichte über Mohammed und seine Lieblingskatze Muezza, die besagt, dass er den Ärmel seines Mantels abschnitt, als er zum Gebet eilen musste, nur um ihren Schlaf nicht zu stören. Die Legende geht aber noch weiter: Als der Prophet zurückgekommen sei, hätte sich die Katze zum Dank verbeugt und Mohammed habe ihr gerührt dreimal über den Rücken gestrichen. Und dies, so erzählt man, habe der Katze nicht nur die Fähigkeit verliehen, beim Sturz auf die Füße zu fallen, sondern auch dreimal drei Leben, und damit genauso viele, wie wir ihr auch heute immer noch zugestehen.

Wer ist der Boss?
... und 16 weitere Fragen über das Sozialverhalten der Katzen

Sind Katzen TEAMFÄHIG? Jede

Art entwickelt eine für sie passende Form der Kooperation. Sogar die Katzen. Als geborene Einzelgänger haben sie nur nicht so viel zu bieten wie Hunde, die am liebsten als Rudel leben und zusammen durch dick und dünn gehen. Eine Gruppe Katzen geht höchstens durch dünn miteinander. Seltsamerweise leben sie heute öfter im „Rudel" als Hunde und haben sogar das Prinzip der Zusammenarbeit entdeckt, weil es sich als nützlich erwiesen hat. Katzenmütter helfen sich gegenseitig bei der Jungenaufzucht. Es ist schon ein Rätsel, wie sie es schaffen, fast gleichzeitig trächtig zu sein, und es beeindruckt zu sehen, wie sie sich die Arbeit mit dem Nachwuchs offenbar nach Fähigkeiten und Wünschen aufteilen. Da gibt

es vorwiegend bemutternde Weibchen, aber auch Jägerinnen, die fürs Fressen sorgen und davon auch ins Nest bringen. Im sozialen Sinne eine wirklich gelungene Form von Kooperation. Der Soziobiologe nennt dies „reziproker Altruismus", was bedeutet: „Hilfst du mir, helf ich dir" oder „eine Hand wäscht die andere", was auch für Katzenpfoten gelegentlich zutrifft, und das nicht nur auf dem Land, auch in der eigenen Küche: Wie sich zwei hungrige Tiere zusammen Futter erstreiten, kann bisweilen erstaunliche Formen annehmen ...

Fühlen sich Katzen als FAMILIE? Enkelin, Mutter und Großmutter bilden

zwar manchmal ein Gespann, das sehr familiär handelt. Es kann aber sein, dass wir Menschen mehr verwandtschaftliche Gefühle in die Katzen hineininterpretieren, als vorhanden sind. Dass die Weibchen voneinander abstammen, ergibt sich von selbst: Es gibt meist nur den eigenen Nachwuchs als Nachschub und der fällt ihnen praktisch in den Schoß. Interessant wird es, wenn dieser fehlt, weil ein Wurf nicht überlebt: Dann nehmen die kinderlosen Damen nämlich auch ein fremdes Weibchen in ihre Gruppe auf. Die Kater haben dagegen als junge Spunde überhaupt nichts zu melden. Sie werden schon als Halbwüchsige von den Weibchen weggebissen. Dann schlagen sie sich drei Jahre lang in der Gegend und um die Weibchen herum, bis sie eine Chance haben, den männlichen Beschützer der Bauernhof-Katzen zu besiegen. Findet ein neuer Boss den Nachwuchs des Vorgängers, kennt er kein Pardon: Er tötet die Kleinen, worauf die Weibchen schnell wieder paarungsbereit werden. Zwei Monate später kommen die Kinder des neuen Chefkaters zur Welt. Das ist die männliche Art von kätzischem Familiensinn.

Hat die MUTTERLIEBE Grenzen?

Während sich Geschwisterkatzen meistens dauerhaft lieben, sofern man sie ohne Unterbrechung beieinander lässt und früh kastriert, hat die Mutterliebe ihre Grenzen. Diese sind erreicht, wenn der Nachwuchs pubertär aufmüpfig wird. Trotz allem Verständnis, das wir Menschen dafür aufbringen, würden wir unsere halbwüchsigen Kinder nicht gleich mit Ohrfeigen zum Haus hinausjagen, jedenfalls nicht für immer. Katzen tun das. Die Zeit des Verhätschelns ist schnell vorbei. Nach sechs Monaten etwa weist die Katzenmutter den Nachwuchs mit spitzer Kralle hinaus ins eigene Leben. Das geht ziemlich unfreundlich Schlag um Schlag, denn sie hat hieb- und stichfeste Argumente, nicht nur an jeder Pfote: Der nächste Wurf kündigt sich bei frei lebenden Katzen schon an, während die Halbwüchsigen noch gar nicht weg sind. Würde sie jedes Jungtier vermissen, hätte ein Katzenweibchen viel zu tun. Es scheint im Gegenteil vielmehr so, dass einer Katzenmutter die Bande ihrer jugendlichen „Tunichtgute" nicht nur lästig ist, sie kann sie irgendwann ganz offensichtlich auch nicht mehr ausstehen. Und es ist sogar fraglich, ob eine Mutterkatze einen einjährigen Jungkater, der inzwischen in einer anderen Familie lebt, überhaupt noch als ihren Sohn erkennt.

Trauert eine KATZENMUTTER um einen verlorenen Wurf?

Verliert die Katzenmutter einen Wurf, dann schleicht sie herum und sucht. Immerhin ist ihr ganzer Hormonhaushalt auf das Säugen und Versorgen von Katzenbabys eingestellt. So vermisst sie die Kleinen, denn auch bei Katzen hängt eine erfüllte Mutterschaft vom Vorhandensein wenigstens eines Babys ab. In tiefe Verzweiflung gerät sie allerdings nicht, und ob sie Trauer so empfindet, wie wir Menschen, ist nicht anzunehmen. Nach ein paar Tagen hat sie den Verlust, so wie es scheint, verschmerzt und ihr Körper bereitet sich auf die nächste Runde vor. Das merken auch die Kater und geben sich daran, diese Runde möglichst schnell einzuläuten.

Wie viele Katzen sind ZU VIELE für einen Haushalt?

Wo reichlich Platz in einem Eigenheim ist, viel Geld und ein Mensch mit zu viel freier Zeit aufeinandertreffen, können ruhig ein paar Katzen mehr leben und dem Besitzer all dieser Reichtümer helfen, die Zeit zu vertreiben. In einer kleinen mit Mensch und Tier übervölkerten Wohnung kann eine einzige Mieze schon genug sein. Die Entscheidung, wie viele Katzen man halten will, hängt nicht nur von den Wohnverhältnissen ab. Am besten fragt man sich, um wie viele Haustiere man sich kümmern kann? Wie viele erlaubt der Vermieter? Ab wie vielen wird der Nachbar protestieren? Wann ist die finanzielle Belastbarkeit erreicht?

„... und in zwei Monaten bekommen sie ihre Jungen ...“

Wer sich für nur *eine* Katze entscheidet, sollte nicht den ganzen Tag von zu Hause weg sein. Sonst hält man besser zwei Tiere, damit sich das Kätzchen nicht einsam und verloren vorkommt. Es gibt auch ein paar Faustregeln, die man allerdings nicht so sehr eng sehen sollte: Halten Sie nie mehr Katzen, als Ihnen Wohnräume zur Verfügung stehen, oder nur so viele Miezen, wie es Hände zum Streicheln, oder wie es Menschen zum Kuscheln gibt.

Vertragen sich zwei POTENTE KATER im selben Zuhause?

Potente Freilaufkater bleiben nicht freiwillig zusammen in einem Haushalt. Irgendwann ist einer von ihnen weg. Zwingt man sie, in einer Wohnung zusammenzuleben, hält das kein Mensch aus. Sogar Katzenzüchter kommen an die Grenze des Erträglichen und bringen zwei potente Tiere in verschiedenen Räumen unter. Die beiden Kater werden trotzdem ihren streng riechenden Harn spritzen, solange sie den Rivalen in der Nähe wissen. Prallen sie aufeinander, fliegen im Normalfall die Fetzen. So ist auf jeden Fall ein einziger potenter Kater genug. Was seine Duftmarken angeht, den ein Deckkater auch ohne Konkurrenz gelegentlich an die Möbel spritzt: Um diesen Geruch zu mögen, muss man schon eine Katzenfrau im empfängnisbereiten Zustand sein.

Sind auch bei Katzen aller GUTEN DINGE drei?

Auf jeden Fall nicht in jedem Fall. Ein Geschwister-Trio kommt gut miteinander aus. Problematisch sind die nachträglich dazu kombinierten Katzen, die in ein harmonisches Zusammenleben schon vorhandener

Tiere manchmal wie Bomben hineinplatzen. Anfänglich wetzen die Katzen immer die Krallen zum Gefecht, es sei denn, es käme ein schöner junger und potenter Kater in einen reinen Frauen-Katzenclub, was sogar bei Züchtern eher selten passiert.

Sich eine ältere Katze als dritte ins Haus zu holen, kann ein recht wunderliches Abenteuer werden. Viele dieser „Alten" haben auch ihrerseits keine Ambitionen, sich an eine bereits alteingesessene Katze oder gar mehrere davon zu gewöhnen. Auch Miezen, die nie wirklich gerne miteinander gelebt haben, sind nach dem Tod ihres Katzen-Partners wie ausgewechselt! Was ihren Haltern wie Alterssenilität vorkommt, ist manchmal die pure Freude über das Verschwinden des Rivalen und das Inbesitznehmen des bisher geteilten Reviers. Kommen zu einer Einzelkatze gleich zwei Neulinge, wird es noch schwieriger.

Lässt man NEUE und ALTE KATZE einfach aufeinander los?

Man lässt sie erst nur vorsichtig zusammen und bleibt in der Nähe, um eingreifen zu können, wenn sie sich heftig schlagen sollten. In ein moderates Rangfolge-Hickhack der Katzen, das dem Neuling zeigt, wo sein Platz in der häuslichen Hierarchie ist, mischt man sich dann aber so wenig wie möglich ein. Wichtig ist, Eifersuchtsgefühle zu vermeiden. Die bisherige Nummer eins sollte nicht entthront werden, auch wenn der Neuankömmling noch so süß und putzig ist. Das Eingewöhnen kann mit Bach-Blüten, Düften, homöopathischen Mitteln, Akupunktur, heilenden Berührungen wie TTouch® (www.tteam.de) oder Tierkinesiologie (www.tierkinesiologie.com) erleichtert werden. Speziell ausgebildete Tierärzte und Therapeuten finden Sie im Internet auch unter www.ggtm.de, der Homepage der Gesellschaft für ganzheitliche Tiermedizin. Um das

Eingewöhnen zu erleichtern, kann man es mit „Aromatherapie" versuchen: Streicheln Sie einmal alle Katzen ein wenig mit Ihren Händen, nachdem Sie ein Paket mit Räucherlachs geöffnet haben. Oder Sie besorgen sich ein Pheromonspray (Felifriend®).

KUSCHELN Katzen gerne miteinander?

Als Kätzchen kuscheln sie, und wie: Sie geben sich gegenseitig Geborgenheit und Wärme und bilden ein rührend süßes Katzenknäuel. Auf so intensiven Körperkontakt können sie später in den meisten Fällen völlig verzichten. Trennt man sie nicht in verschiedene Haushalte, kann es sein, dass sie auch später noch aneinander geschmiegt schlafen. Bei frei laufenden Hauskatzen ist das eher selten. Aber Edelkatzen sind hierin überhaupt anders, nicht nur, weil sie mehrheitlich im Haus gehalten werden, sondern weil auch Rassemerkmale zum Tragen kommen. Orientalische Katzen, wie etwa Siam und Birma, sind bekannt für ihre Kuschelleidenschaft. Hauskatzen schmiegen sich lieber an Menschen oder einen Hund, falls sie zufällig mit einem Hund groß geworden sind. Aber auch unter ihnen gibt es solche, die sich gegenseitig sogar noch Kopf und Ohren sauber schlecken, bevor sie ins Reich der Träume sinken.

Fressen Katzen gerne in GESELLSCHAFT?

Sie fressen in Gesellschaft, weil sie es gewohnt sind. Denn nur selten wird eine Katze allein gefüttert, sofern es noch eine oder mehrere im Haushalt gibt. Richtig gern mag es eine Katze nicht, wenn eine andere Katze neben ihr die Schnauze in einen Napf taucht. Dabei bleibt es nämlich nicht immer und so mancher „Mitesser" kontrolliert

grundsätzlich erst einmal die Schüsseln der anderen, holt sich ein paar Schläge ab und geht wieder zurück zu seinem Schälchen.

Freilaufkatzen sehen manchmal erst einmal nach, was wir Menschen so zu futtern haben und ob davon eventuell etwas Leberwurst, Butterkäse oder Ei nach unten weitergereicht werden. Sollte dies bei Ihnen im Bereich des Möglichen und Tatsächlichen liegen, erzählen Sie's keinem. Und schließlich scheinen Katzen einen eigenen Sinn für den rechten Fressplatz zu haben, nämlich unter dem Tisch, was ja eigentlich nicht so unlogisch ist. Dort harren sie nicht nur der Brösel von oben, dort machen sie auch ihrem mitgebrachten fangfrischen „Fast Food" von draußen den Garaus. Gerade dann, wenn man selbst zu Tisch sitzt, wird darunter besonders gerne eine Maus verspeist. In dem Fall teilen wir ihre Liebe zur gemeinsamen Mahlzeit nicht unbedingt.

Warum wird ein frisch OPERIERTER Kater von anderen Katzen angefaucht?

Es hört sich sehr unfair an, dass manchmal eine Katze nach einer Operation von ihren Artgenossen verprügelt wird. Plötzlich akzeptieren sie ihn nicht mehr, behandeln ihn wie einen fremden Eindringling und nutzen jede Gelegenheit zum Schlagabtausch. Aber die Katzen sind nicht so berechnend, dass sie die vorübergehende Schwäche einer Mitkatze ausnutzen, um ihr ein paar Hiebe überzubraten oder um die Rangstellung mit Gewalt neu zu definieren. Es ist vermutlich der für Katzen eklige Narkosegeruch, der den Eigengeruch der Katze überdeckt. So können sie ihren Katzenkumpel in doppelter Hinsicht nicht mehr riechen. Das kann zu einer so großen Abneigung führen, dass sich eine ewige Feindschaft entwickelt. Um den Frieden zu wahren, ist es auf jeden Fall ratsam, ein frisch operiertes Tier nicht mit anderen Katzen zusammenkommen zu lassen. Erst wenn es sich sicher vom Tierarzt-Geruch ausgemüffelt und sich einigermaßen erholt hat, darf es aus seiner Quarantäne.

Spielen Katzen lieber MITEINANDER oder mit Gegenständen?

Weder noch. Am liebsten scheinen sie mit uns Menschen zu spielen. Wenn wir eine Schnur ziehen oder ein Steinchen rollen, sind sie mit großem Eifer dabei. Nicht einmal eine schon ältere Katze ist sich zu fein, einem Gegenstand hinterherzuspringen, der ganz eindeutig nichts zu ihrer Ernährung beitragen kann. Ein Jungtier macht das auch ganz allein und schubst sich selbst Gegenstände wie Fellmäuse, Kordeln, Korken, um sie fangen zu können. Die Wissenschaft fand neben diesen beiden beliebtesten Spielmöglichkeiten, Objektspiel und sozialem Spiel, noch zwei weitere Varianten: Das Bewegungsspiel. Man kennt das als die verrückten fünf Minuten. Dabei rennen und toben sie sich aus, jagen allein oder miteinander durch die Wohnung. Und schließlich das Kampfspiel. Sie balgen, kratzen, beißen, hauen und vertragen sich wieder.

Wie erkennt man, dass eine RAUFEREI nur Spiel ist?

Manchmal geht eine spielerische Rauferei so nahtlos in eine ernste Beißerei über, dass man gar nicht erkennen kann, was, warum, wieso und überhaupt passiert sein mag, dass aus dem lustigen Miteinander plötzlich ein schmerzhaftes Gegeneinander wurde. Fauchen, buckeln, kratzen ist nicht weiter schlimm, solange die beiden immer wieder auseinanderspringen. Aus einem Spiel wird nur selten eine blutige Auseinandersetzung, bei der die Katzen sich in ein fauchendes, knurrendes und spuckendes Knäuel verwickeln, das nur noch aus Krallen und Zähnen zu bestehen scheint. In dem Fall greift man ein, spätestens dann aber, wenn eines der Tiere schwer verstört wirkt oder vor Schmerzen schreit, blutet oder hinkt. Meistens genügt es, nur auf die Tiere zuzugehen oder eine Tür laut zuzuknallen. Wirksam sind auch eine Dusche aus der Blumenspritze oder ganz plötzlich den Staubsauger einzuschalten.

Raufen die MÄNNCHEN mehr als die Weibchen?

Im Gegenteil: Die Kätzinnen teilen schneller Ohrfeigen aus und geraten häufiger in Streit als die Kater. Schon als Kätzchen balgen sich die Weibchen mehr als die Kater. Wenn sie erwachsen sind, wird das auch beim Spiel noch deutlicher: Jetzt macht das Gemeinschaftsspiel bei Kätzinnen 85 Prozent ihrer gemeinsamen Aktionen aus, während nur fünf Prozent der Kater dann noch Spaß daran haben, sich aus Jux und Tollerei ineinander zu verbeißen. Wenn doch, dann schlagen sie sich bei einer Auseinandersetzung sehr viel heftiger und sind danach auch nicht bereit, einen anderen Kater in ihrer Nähe zu dulden. So zanken die Weibchen zwar mehr, sind aber prinzipiell eher bereit einzulenken als potente Kater. Kastrierte Tiere sind schwer einzuschätzen. Sie folgen – so scheint es – spontaner Sympathie oder Antipathie.

Wer ist der BOSS? Am Futternapf sieht man ganz gut, wer der Boss ist und wer nicht, wobei die Jungtiere von Weibchen auch einmal vorgelassen werden, solange sie noch nicht das Alter halbwüchsiger Tiere erreicht haben. Spätestens dann erobert sich die Ältere ihre Rechte zurück und knurrt böse, wenn sich das Jungvolk ihrem Fressen nähert. Bei Auseinandersetzungen der Katzen zeigt sich ebenso, wer der Chef ist, nämlich der unnachgiebige Kämpfer. Geben Sie als Halter nur nicht der Versuchung nach, die kuschende Katze in Gegenwart des Siegers zu trösten. Das heizt den momentanen Streit wieder an. Sind die Positionen einmal geklärt, gibt es bei den Katzen dann immer weniger Auseinandersetzungen. Klärt sich der Streit nicht, kann man eventuell mit Pheromonspray (Felifriend®) den Frieden wiederherstellen.

Warum REDEN Katzen so wenig miteinander?

Die Katzenliteratur weiß eine Menge über die Sprache der Katzen zu erzählen. Aber nicht die Miaus werden hier erklärt, sondern die Körper- und Duftsprache, die den Katzen eindeutig mehr zur gegenseitigen Verständigung dienen als Miaus. Über die Funktion der Lautsprache und ihre unterschiedlichen Ausprägungen je nach Alter und Umfeld der Katze wurde wissenschaftlich noch kaum etwas erforscht. Warum Katzen überhaupt so wenig miteinander reden, erklären Verhaltensforscher mit ihrem Einzelgänger-Dasein, das auf Distanz ausgelegt ist. So können sie schon von weitem sehen, aber nicht hören, ob eine andere Katze freundlich gesonnen ist. Warum also sollten sie miauen, wenn der andere sie auch so versteht? Ein Beispiel für ein solches stummes Verständigen ist die so genannte „Bruderschaft der Kater" (Paul Leyhausen), bei der die Freilauftiere eines Streifgebiets zusammenhocken, nichts im Besonderen tun und außer einem gelegentlichen Fauchen und Knurren überhaupt nichts hören lassen.

Wofür ist ein MIAU überhaupt nütze?

Eine Mutter miaut, murrt und knurrt jede Menge, vor allem, wenn die Jungen ins Alter kommen, in dem sie erzogen werden. Hier im Wurflager leben die Katzen nicht auf Distanz und somit kann die Katzenmutter auch die Vorteile einer hörbaren Verständigung nutzen. In der vierten bis fünften Lebenswoche beginnen die Kleinen mit übermütigen Spielen, bevorzugt rund um die Mutter. Das lässt sie sich nicht immer gefallen und so lernen die Jungen direkt, was Knurren bedeutet. Eine wichtige Lektion für später. Ein anderes Beispiel ist, wenn die Mutter mal mit lautem, mal mit wehklagendem Geschrei zwischen den

Zähnen hindurch eine noch lebende oder schon tote Maus zum Wurflager trägt. Es kann „Essen fertig!" oder „Schaut mal, was ich habe!" oder „Auf ihr Faulpelze, wir üben Mäusefangen!" bedeuten. Interessant ist in diesem Zusammenhang, dass die Katze je nach Beute einen anderen Ruf macht, wie Katzenforscher Paul Leyhausen herausgefunden hat. Beim „Mausruf" kommen die Jungen schnell heran, beim „Rattenruf" nähern sie sich nur vorsichtig. Ansonsten sind Warnschreie, wie man sie von anderen Tierarten kennt, bei Katzen eher selten.

Sind Katzen männerfeindlich?

... und 19 weitere Fragen über das Verhältnis
von Katze und Mensch

Kann man eine Katze
TAGSÜBER ALLEIN lassen?

Hunde halten keinen ganzen Arbeitstag allein aus. Katzen sind darin unkomplizierter. Immerhin tragen sie die Veranlagung zum Einzelgänger noch immer in sich. So können sie die Abwesenheit ihres Halters eher verschmerzen als das Rudeltier Hund. Für die meisten Katzen ist es trotzdem nicht das Wahre, ganz ohne Gefährten bleiben zu müssen. Sie langweilen sich so schrecklich, dass sie Unfug anstellen und dann von ihren Haltern nichts mehr wissen wollen, wenn diese endlich heimkehren.

Die Erfahrungen zeigen, dass Berufstätige am besten zwei Katzen halten, oder einen Hund dazunehmen, wer nur halbtags fort ist. Eine Freilaufkatze leidet nicht unter Langeweile, ist dennoch so nicht glücklich und löst das Problem auf ihre Weise: Sie sucht sich in der Nachbarschaft ein „Bratkartoffelverhältnis" und wird möglicherweise irgendwann ganz dorthin übersiedeln oder verschwinden. Das Verhältnis zur eigenen Familie wird mit ihr nicht so eng werden, wie es sich ein Berufstätiger erhofft, erst recht nicht, wenn er die Katze tagsüber aussperrt. Er sollte dann nicht davon ausgehen, dass die Katze bei seiner Rückkehr bereit sitzt, um ihm in Schmuselaune auf den Schoß zu springen, wie das Wohnungskatzen tun. Vielmehr schlagen sich Freilauftiere schnell den Bauch voll und verschwinden dann genauso schnell wieder, denn der späte Nachmittag ist Ausgehzeit und Katze darf ja nichts Wichtiges verpassen.

Soll man alle Katzen im
HAUSHALT gleich behandeln?

Individualität steht bei Katzen höher im Kurs als Gleichmacherei. Eine jede liebt diese kleinen Eroberungen, die sie bei Ihnen gemacht hat, ihre besonderen Rechte, ja Privilegien, in denen die unterschiedlichen Neigungen und Wesenszüge der verschiedenen Katzen hervorkommen. Wenn eine Katze im Bett schlafen darf, heißt das noch lange nicht, dass das auch einem Neuzugang gewährt wird. Meist sorgt schon die Altkatze dafür, dass die neue nicht auch noch mit Bettgeschichten anfängt! In dieser Situation, jung kommt zu alt, ist eine Gleichbehandlung ohnehin der Anfang leidenschaftlicher Eifersuchtsdramen unter den Katzen. Die Hauptbezugsperson der Erstkatze darf auf keinen Fall das Jungtier anhimmeln. Seine Bewunderung gilt der Altkatze, ohne Wenn und nur mit einem kleinen bisschen Aber. Denn unbeobachtet sind kurze feline Seitensprünge zur süßen Mieze erlaubt. Die mit den älteren Rechten merkt es ohnehin, dass hier kleine Lügen mit im Spiel sind. Warum wohl riechen die Klamotten ihres Herrn und Meisters manchmal so stark nach dem Fremdling?

Warum lässt sich manche
Katze nicht ANFASSEN?

Seit 5 000 Jahren schmust der Mensch nun an die Katzen hin und freut sich über ihre Zärtlichkeiten, und dann dauert es nur eine einzige Katzengeneration und alles ist dahin. Die Kätzchen einer wildlebenden Katzenmutter sind beinahe so scheu wie Wildkatzen und nur mit dicken Handschuhen anzufassen. Sie vergessen in keinem Fall schlechte Erfahrungen mit der Spezies Mensch. Sie lassen dann niemanden an sich heran, auch keine noch so liebevolle Katzenfrau. Manche Tierschützerin kommt sieben Tage die Woche täglich an die Futterplätze und kennt jedes einzelne einer verwilderten Katzenkolonie. Und trotzdem lassen sich solche Wildlinge nicht anfassen. Denn Katzen benötigen, um handzahm zu werden, engen Kontakt mit dem Menschen, noch bevor sie acht Wochen alt sind. Wildlinge aber werden meistens erst entdeckt, wenn sie schon älter sind. Und dann ist die Prägephase vorbei. Somit ist es nur noch möglich, das Katzenkind mit viel Geduld so weit an eine einzige Person zu gewöhnen, dass sie sich einfangen und mitnehmen lässt. Streicheln bleibt ihr suspekt und ein Leben in der Wohnung würde sie nur austicken lassen. Erfahrene Tierschützer versuchen das gar nicht erst. Sie lassen solche Katzen nach der Kastration und einem Gesundheits-Check wieder dort frei, wo sie sie einfingen, und füttern sie dann direkt vor Ort.

Warum greift sie aus dem HINTERHALT an?

Da denkt man nichts Böses, weiß noch nicht einmal, dass die Katze hinter der Tür lauert, und plötzlich springt sie einem wie eine Furie an die Beine. Das mag *ihr* ja Spaß machen, sonst jedoch keinem. Aber man gewinnt auch den Eindruck, dass es ihr selbst nicht so richtig gefällt. Vielmehr scheint diese Massakrierwut anfallsartig über sie zu kommen. Aber warum, konnten Wissenschaftler noch nicht endgültig klären. Man weiß, dass Kätzchen, die zu früh von der Mutter weggenommen wurden, diese Macke entwickeln können. Mangelnde Mutterliebe, fehlendes Urvertrauen würde man in der Humanpsychologie sagen. Sie sind als Katzenbabys nicht richtig auf Menschen geprägt worden oder haben zwischendurch schlechte Erfahrungen mit uns gemacht. Es kann monatelang nichts passieren und dann flippen sie wieder aus. Diese Zustände haben nichts mit Dominanz-Verhalten gemein, sie scheinen vielmehr ein

Angriffe sind Spätfolgen einer verkorksten Kindheit.

allgemeines Unwohlsein auszudrücken. Solche Katzen sind sehr zwiespältig. Sie lieben das Schmusen und wieder nicht, nach dem Motto: Kraul mich, aber rühr mich nicht an!

Warum reagieren Katzen auf uns Menschen mit EIFERSUCHT?

Eifersucht, die in totale Aggression münden kann, erleben nicht nur wir Menschen. Im Tierreich gibt es sie genauso. Sie kommt im

Zuge von Rivalität und Rangordnung mit ins Leben der Tiere. Auch Katzen verhalten sich eifersüchtig, ähnlich wie ein Kleinkind, das ein Geschwisterchen bekommt. Rivalität allein reicht nicht, um Eifersucht zu provozieren. Erst wenn sie fürchten, dass sie unsere Liebe, Fürsorge und persönliche Privilegien verlieren, reagieren Katzen mit Verhaltensstörungen. Auffällig ist, dass Eifersucht immer mit dem Menschen zusammenhängt, also von uns und dem, was wir tun, ausgelöst wird. Umgekehrt lässt sich daraus schließen, dass wir auch in der Lage sind, diese heftigen Emotionen bei Katzen gar nicht erst entstehen zu lassen, um all die „Nebenwirkungen" der Eifersucht zu vermeiden. Unsauberkeit, Markieren, Kratzen an unerlaubten Stellen, lautes Schreien, Rückzug, Aggressivität und einige andere unerwünschte Verhaltensweisen lassen uns die Eifersucht der Mieze auf ziemlich unangenehme Weise spüren. Beseitigt man den Grund für die Eifersucht möglichst schnell, löst sich zumeist auch die Unart der Katze in Luft auf.

VERMENSCHLICHEN

wir zu sehr? Das kinderlose Paar mit verwöhnter Katze, die alte Dame mit ihrer Samtpfote, der Single mit Kater – auffällig oft müssen Katzen einen Menschen ersetzen. Übertreiben wir es damit oder ist das vielleicht nur ein Vorurteil? Nach einer Untersuchung der Uni Zürich gibt es das verwöhnte „Ersatzbaby" gar nicht so häufig. Denn die Katzen bei Single-Frauen sind eher vernachlässigt als überversorgt. Die Forscher stellten fest, dass sogar die Katzen eher auf die Wünsche der Halterinnen eingehen als diese auf die Wünsche ihrer Katze. So ist das Vorurteil tatsächlich nur ein Vorurteil. Die Katze ist für Frauen kein wirklicher Kind-Ersatz, sie ist kein Partner-Ersatz und sie ersetzt in den meisten Fällen auch keine fehlenden sozialen Kontakte überhaupt. Sie ist vielmehr ein tröstendes Lebewesen, das immer da ist. Mehr nicht, aber auch nicht weniger.

Sind Katzen
MÄNNERFEINDLICH?

Von wegen Gegensätze ziehen sich an! Im Geschlechter-Karussell sind die Frauen an der Spitze. Kätzinnen lieben Frauen. Kater lieben Frauen. Die Männer, die kommen erst danach. Nach Umfragen unter den Lesern von „Geliebte Katze" ergibt sich daraus folgendes Liebesbarometer: Liebe pur bei Kätzin und Frau. Große Zuneigung zwischen Kater und Frau. Gutes Verhältnis zwischen Kätzin und Mann. Lauwarme Beziehung zwischen Kater und Mann. Interessant ist auch, dass 72 Prozent der Katzen mit Frauen schmusen, aber nur 37 Prozent mit Männern. Umgekehrt sind die

Im Trennungsfall würden sich die meisten Katzen für Frauchen entscheiden.

Kätzinnen auch furchtsamer. Sieben Prozent von ihnen haben vor Männern Angst. Kater fürchten diese nur zu drei Prozent. Keine Angst, aber doch eine deutliche Abneigung gegen Männer entwickeln elf Prozent aller Katzen, aber nur zwei Prozent gegen Frauen.

Lieben alle KINDER Katzen?

Rein subjektiv ist eine Katze für ihren Halter eine Bereicherung. Psychologen, etwa Professor Dr. Reinhold Bergler aus Bonn, haben bereits erforscht, wie weit diese Vorzüge reichen und wie wichtig Tiere für den Menschen, insbesondere ein Kind, sind oder sein können. Trotzdem mögen Kinder nicht automatisch Katzen. Wichtig ist, dass die Eltern Miezen mögen, noch wichtiger ist, als Kind eine freundliche Katze zu erleben. Fällt beides positiv aus, wird ein junger Mensch ziemlich sicher auch zum Tierfreund. Ausnahmen von dieser Regel kann man vielleicht tiefenpsychologisch erklären oder sogar durch einen spirituellen Ansatz bezüglich schlechter oder guter Erfahrungen aus früheren Leben. Da wird dann das „Unheimliche" der Katzen beschworen, ihre „Grausamkeit", ihre „Launenhaftigkeit" und „Falschheit" usw., kurzum, sie wird mit rein menschlichen Maßstäben bewertet und – verurteilt.

Sind Katzen ideale SPIELKAMERADEN für Kinder?

Sobald Kinder ihre Grapschfinger unter Kontrolle haben, ziehen die Katzen ihre Krallen ein und verwandeln sich von der Kratzbürste zur Samtpfote und zum Spielgefährten. Kleinkinder sind allerdings nicht gerade beliebt bei Katzen, weil sie noch nicht richtig verstehen, wie man mit ihnen umgeht und dass man sie zum Beispiel nicht in Puppenkleider packen kann. Nur wenig mehr als sechs Prozent der Miezen, die ein Kindergartenkind zu Hause ertragen müssen, können sich zur unumschränkten Zuneigung bekennen. Babys und Krabbelkinder genießen mehr Zuneigung (knapp zehn Prozent) als die Drei- bis Sechsjährigen. Wärmer wird's ums Katzenherz, wenn das Kind Schulkind-Alter erreicht. Dann wird immerhin jedes fünfte von ihnen heiß und innig von der Katze geliebt. Ist der Familien-Nachwuchs dann sogar zwischen zehn und 15 Jahren, zeigt sich jede vierte sehr begeistert. Erstaunlicherweise nimmt die Zuneigung dann wieder ab: Jugendliche zwischen 15 und 18 Jahren kommen im Vergleich mit 17 Prozent ziemlich schlecht weg, genauso übrigens wie alte Menschen über 70 Jahre. Insgesamt geben Kätzinnen den Kindern mehr Zuneigung als die Kater.

Erkennen Katzen unser ALTER?

Wir Menschen können einen einjährigen Kater kaum von einem zehnjährigen unterscheiden. Aber Katzen ordnen offenbar uns Menschen sehr genau dem Alter zu. Woran sie das erkennen, kann nur vermutet werden. Ein Kind zu erschnuppern ist noch ganz leicht: Es hat noch keinen Erwachsenengeruch, weil es noch nicht geschlechtsreif ist. Aber ein Jugendlicher von 1,80 Meter Körpergröße ist ebenso geschlechtsreif wie ein 30jähriger Mann, wird allerdings von Katzen weniger gemocht als der ältere Mann.

Uns Menschen fällt es ganz leicht, den Jüngeren zu erkennen, doch an welchen Merkmalen genau? Es ist der Gesamteindruck vieler kleiner Merkmale, die Stimme, die Haltung und schließlich die Ausstrahlung, die das Alter erkennen lassen. Solche Merkmale kann auch eine Katze wahrnehmen. Eine Katze nimmt aber vielleicht tatsächlich auch einen altersgemäßen Geruch wahr, der zu fein für unsere Nasen ist. Erst bei ganz alten Menschen riechen wir diesen speziellen Altersgeruch. Vielleicht entwickelt sich dieser allmählich über Jahrzehnte hinweg? Leider können die Katzen uns darüber nichts mitteilen.

Warum sieht man Katzen lieber nicht so tief IN DIE AUGEN?

Anstarren ist unhöflich. Einen anderen intensiv anzusehen, gilt unter Katzen als Bedrohung und unter uns Menschen als unfein, solange wir uns nicht mit dem Gegenüber in einem Gespräch befinden. Katzen können auch starren. Sie sind dann aber tatsächlich in Kampfstimmung, wenn sich ihre Pupillen zu einem schmalen Schlitz verengen und den Gegner mit stechendem Blick durch-

„Hilfe! ich war's nicht! Ich tu's nicht! Ich bin's nicht! Was geht ab?"

bohren. Nicht umsonst wird auch uns Menschen von einem solchen Blick ziemlich mulmig. Die angemessene Reaktion, eine solche Bedrohung abzuwenden, ist: Augen niederschlagen, blinzeln oder weggucken. Eine friedliche Grundstimmung signalisiert die Katze, wenn sie sich diskret zur Seite dreht. Hat eine Katze dagegen Angst, dann weiten sich die Pupillen, werden groß und rund wie bei uns Menschen. Auch dann starrt sie uns an, aber angsterfüllt, und den Unterschied nehmen sogar Menschen mit weniger intuitiven Fähigkeiten wahr.

Kann eine KATZENALLERGIE psychisch bedingt sein?

Es kann sein, dass die Psyche eine Rolle spielt. Bekannt ist jedoch nicht, ob eine Psychotherapie eine Allergie zum Abklingen bringen kann. Eine Allergie loszuwerden ist in der Schulmedizin nur durch Desensibilisierung möglich. Bei Tierhaarallergie ist dies allerdings nur eine Möglichkeit. Unter den alternativen Heilmethoden kann auch Akupunktur oder eine Bioresonanz-Therapie gute Ergebnisse zeigen. Manchmal verschwinden die allergischen Reaktionen auch dann, wenn eine Grunderkrankung beseitigt wird, wie zum Beispiel eine Pilzinfektion oder eine Stoffwechselstörung. Eine gesunde Ernährung und Lebensweise stärken das Immunsystem und wirken damit Allergien ebenfalls entgegen. Hilft alles nichts, kann man mit großer Reinlichkeit im Haus die Symptome fast ganz zum Verschwinden bringen.

Ist eine Katzenallergie ERBLICH?

Ob Kinder von Allergikern eine Katzenallergie entwickeln, hängt davon ab, welches Elternteil von einer solchen Überempfindlichkeit geplagt ist. Wissenschaftliche Studien ergaben: Ist die Mutter betroffen, sollte man auf eine Katze eher verzichten, denn für die Kinder war das Risiko, ebenfalls allergisch zu reagieren, erhöht. Anders sieht es bei den Kindern allergischer Väter aus: Bei ihnen beugt das Tier der Allergie sogar vor. Wie Forscher herausfanden, bekamen sie in einer vorsorglich katzenfreien Umgebung trotzdem fast doppelt so häufig Asthma als die Kontrollgruppe mit Katze. Überdies zeigte sich, dass es günstig ist, wenn ein Kind möglichst früh Kontakt mit dem Allergen, also der Katze, hat. Fazit: Ist nur der Vater gegen Katzen allergisch, Katze anschaffen und das Haus immer gründlich putzen.

TierhaarALLERGIE –
Katze waschen oder weggeben? Die Amerikanische Akademie für Allergie hat einen Maßnahmenkatalog zusammengestellt, der die Symptome zu 95 Prozent verringert, ohne dass man die Katze weggeben muss. Was die Katzen angeht, gibt es eine drastische, aber wirksame Methode, ihr Potential an Allergenen zu senken. Man hat festgestellt, dass die Symptome weniger stark sind, wenn man die Katzen regelmäßig badet. Leider wird dadurch das Verhältnis zum Tier manchmal etwas getrübt. Oder um es deutlicher zu formulieren: Es gibt wohl kaum Katzen, die das freiwillig und ohne Schaden über sich ergehen lassen! Außerdem kann die Katze nach tierärztlicher Anleitung eine spezielle Diät bekommen, die die Allergen-Produktion verringert. Da die Katzen die höchste Allergenkonzentration im Gesicht produzieren und vor allem die potenten Kater, lässt man sie kastrieren und schmust auch nicht im Gesicht der Katze herum. Täglich muss man sie im Freien bürsten (lassen) und die Wohnung gut säubern. Hilft das alles nichts, muss man die Katze leider doch weggeben.

Kann man ALLERGISCHE REAKTIONEN auf Katzen verhindern?

Man kann es versuchen, indem die Wohnung so sauber und staubfrei gehalten wird wie nur möglich. Wer unter einer Katzenallergie leidet, hat einen Staubsauger mit Spezialfilter und reinigt damit den Wohnbereich möglichst täglich. Je weniger Staubfänger dort herumstehen, desto einfacher ist es. Auf Polster, Plüsch, Decken, Stoffe, haareanziehende Kissen und herumliegenden Krimskrams verzichtet man bzw. packt diese Dinge in Plastik, solange sie nicht benötigt werden. Keine Katze darf ins Schlafzimmer. Die Wohnung sollte man täglich gut lüften und den Katzenschlafplatz in eine Ecke mit wenig Luftzirkulation stellen. Und schließlich soll man selbst auf Kleidung verzichten, an denen die Katzenhaare leicht hängen bleiben. Und nach jedem Streicheln die Hände waschen.

Wie VERSTÄNDIGT man sich mit seiner Katze?

Menschen und Katzen steht prinzipiell das gleiche Repertoire zur Verfügung: Laut- und Körpersprache sowie intuitives Verstehen. Wir nutzen diese Möglichkeiten nur unterschiedlich. Wir Menschen spitzen die Ohren. Katzen gucken, was der andere mitteilen will, und sie glauben wohl, dass wir ihre Signale schon richtig verstehen, wenigstens intuitiv. Dem ist leider nicht so. Häufig genug kratzen die Katzen dann, wenn wir sie nicht in Ruhe lassen, nachdem wir nicht in der Lage waren, ihre Signale zu deuten. Wir sehen noch nicht einmal hin, denn wir erwarten ja, dass sie miaut, wenn sie was will. Zum Glück sind wir alle lernfähig und die Katze merkt schnell, dass es mehr nützt zu miauen, als beleidigt vor der Tür zu sitzen und zu warten, dass wir diese aufmachen.

Nach ein paar Kratzern sind wir ja gewarnt, eine Katze, die ihre Signale auf Sturm stehen hat, anzufassen. „Finger weg", heißt es, wenn sie die Schwanzspitze bewegt, wenn ihr Fell zuckt, die Ohren zurückgelegt sind und erst recht, wenn sie schon eine Pfote zum Schlagabtausch erhoben hat.

Das intuitive Verstehen als dritte Art der Kommunikation ist nicht jedermanns Sache. Spirituell begabte, sehr einfühlsame Tierfreunde können mit Katzen auf einer telepathischen Ebene kommunizieren und diese Fähigkeit therapeutisch einsetzen. Manche dieser „Katzenflüsterer" geben über ihre Hände auch heilsame Energie (Reiki) weiter. Dem reikiungeübten Halter bleibt nur das normale Streicheln. Aber das ist schon besser als nichts.

Wie eng darf man mit einer Katze SCHMUSEN? Schmusen ja, küssen nein – vor allem keine Freilaufkatze. Denn die kann Erreger mitbringen, von denen die Tollwut das Schlimmste wäre. Aber gegen Tollwut schützt die Impfung zuverlässig. Weitere Immunisierungen bewahren vor allem die Katze vor einer Ansteckung mit den wichtigsten, für sie bedrohlichen Infektionskrankheiten und verhindern eine weitere Ausbreitung der gefährlichsten Erreger für Katzen. Katzenaids (FIV) ist zum Glück nicht auf den Menschen übertragbar. Wer den Impfschutz einmal jährlich kontrollieren und auffrischen lässt, ist auf der sicheren Seite. Die Impfung ist aber nur die halbe Miete. Denn die Parasiten-Prophylaxe ist ebenso wichtig. Übrig bleiben dann einige wenige, aber selten vorkommende Ansteckungsmöglichkeiten, etwa Hautmykosen. Kratzt sich die Katze auffällig, geht man sofort zum Tierarzt. Sind schon nässende und stark juckende Flecken, zumeist kreisrund und mehrere nebeneinander, entstanden, ist eine Ansteckung

MIMI WAR AUF DEM FLOHMARKT!

*Katzenflöhe wagen
auch Seitensprünge
auf den Menschen.*

wahrscheinlich. Katzen übertragen auch Toxoplasmose, eine für ungeborene Kinder gefährliche Infektion. Die Erreger sind in schon älterem Katzenkot, aber tägliches Reinigen der Toilette vermeidet eine Ansteckung. Das sehr seltene SARS-Virus kann von Katzen zwar übertragen werden, jedoch gibt es für eine Katze kaum eine Gelegenheit, sich damit zu infizieren. Bei akuter Gefahr einer lokalen Verbreitung würde man die Katze im Haus halten müssen und alle Medien würden darüber berichten.

Müssen SCHWANGERE den Kontakt zu Katzen meiden?

Schwangere sehen ihre Katze plötzlich mit anderen Augen, nämlich als Überträger von Bakterien, Würmern, Zecken und den gefürchteten Toxoplasmen, die das Ungeborene schädigen können, wenn sich eine Frau ausgerechnet während der Schwangerschaft damit ansteckt. Sie fürchten jeden Kontakt mit der Katze. Da muss man sich nicht wundern, wenn diese dadurch total verstört wird. Besser ist es, vorbeugende Maßnahmen zu ergreifen. Wer schon einmal Toxoplasmose hatte, entwickelt Immunität, was der Arzt feststellt. Wer noch keine Infektion durchgemacht hat, also nicht immun ist, sollte das tägliche Säubern des Katzenklos anderen überlassen, zur Gartenarbeit feste Handschuhe und beim Zubereiten von Fleisch Gummihandschuhe tragen, kein rohes Fleisch essen (Mett, halbgare Steaks, Tartar etc.) und nach dem Streicheln der Haustiere die Hände waschen. Alle Heimtiere, nicht nur die Katzen, müssen vom Tierarzt als rundum gesund erklärt sein. Unter diesen Voraussetzungen kann die Schwangere mit ihren Tieren ganz normalen Kontakt haben wie bisher.

Sind Katzen eine Gefahr für BABYS?

Wenn eine Katze ein Baby angreift, ist dies wohl nur die Spitze eines Eisbergs an Eifersucht und ihren Folgen. Vermutlich kommt es nicht als das erste und einzige Problem daher, das bis zu diesem Zeitpunkt mit der Katze aufgetreten ist. Denn eigentlich gehen Katzen den Babys nur aus dem Weg. Wenn die Schwangere die Ankunft ihres Nachwuchses gut vorbereitet und die Katzenpflege schon Monate vor der Geburt einem anderen Familienmitglied ans Herz gelegt hat, werden sich keine Probleme ergeben – außer dass die Katze die Flucht ergreift, spätestens wenn das Baby schreit oder auf sie zu krabbelt. Eine normale, also friedliche Katze sollte unbedingt am Baby schnuppern dürfen, um es kennen zu lernen. Im selben Raum lässt man eine Katze besser nicht mit einem Baby allein, denn sie springt gerne ins weiche Bettchen und das Neugeborene kann sich noch nicht selbst unter der Katze befreien. Ein gesichertes Bettchen oder Kinderwagen mit Verdeck wäre auch eine Lösung, um die beiden im ersten Halbjahr nicht so viel trennen zu müssen.

Wie viel Trubel kann man einer SENIORKATZE zumuten?

Im Alter werden Katzen ruhiger und mögen keine allzu großen Aufregungen oder Veränderungen mehr, auch nicht in den täglichen Routinen. Ging es schon immer laut in der Familie zu, darf das auch so bleiben. Denn so empfindlich sind Katzen nicht, als dass die Familie plötzlich auf Zehenspitzen durchs Haus schleichen müsste. Im Gegenteil: Würde man sie

Unterschätzen Sie eine Seniorkatze nicht! Sie fängt immer noch Mäuse ...

plötzlich von allem Trubel verschonen, würde einer alten Katze viel fehlen. Manchmal sehen und hören sie auch schlecht und dann ist es für sie ohnehin nicht so schlimm, wenn Leben in der Bude ist. Worauf man achten sollte ist, dass die Kinder sie nicht herumschleppen, piesacken oder beim Fressen stören. Vielmehr sollten alle ein wenig mehr Rücksicht auf die Katzenoma oder den Katzenopa nehmen. Häufig riechen alte Katzen mit Dauerschnupfen schlecht, dann benötigen sie stark riechendes Futter, um überhaupt noch Appetit zu bekommen. Viele haben Nierenprobleme und brauchen ein spezielles Diätfutter. Ein weiteres Problem im Alter ist die Fellpflege. Die überlässt die Seniorkatze jetzt immer häufiger dem liebevollen Halter mit der Bürste, der sich dafür viel Zeit nimmt und nebenbei eine extra Schmuserunde einlegt.

Sind Katzen zu schlau zum Folgen?

... und 16 weitere Fragen zur Lernfähigkeit der Katzen

Warum GEHORCHT eine Katze nicht wie ein Hund?

Hundefreunde halten Katzen für zu dumm, um Befehle zu verstehen. Katzenhalter denken: Ihre Lieblinge sind zu schlau, um den Eindruck zu erwecken, man könne sie herumkommandieren. Die Wahrheit ist: Katzen sehen keinen Nutzen darin, nach unserer Pfeife zu tanzen. Davon hat sie nichts, das brauchte sie früher nicht zum Überleben und sie denkt, heute wäre das auch noch so. Hunde sind von uns Menschen schon viel abhängiger. Immerhin leben sie schon doppelt so lange als Haustiere mit uns als Katzen. In ihrem freikätzischen Alltag braucht die Einzelgängerin nicht viel von ihren Artgenossen. Sie interessiert sich im Grunde doch nur für das Eine, und das gibt Kleine.

Hündischer Rudeldruck und sonstiger Gruppenzwang sind ihr wesensfremd. Der Hund dagegen ist darauf programmiert und folgt den Regeln des Rudels, ohne sie von Fall zu Fall unentwegt in Frage zu stellen und zu übertreten, so wie die Katze das mit unseren Verboten macht. Der Hund weiß, dass er durch geschickten Umgang mit den Artgenossen, durch Wohlverhalten besser durchs Leben kommt. Die Katze erlebt sich mit Hartnäckigkeit und Sturheit als erfolgreicher. Somit ist es für den Hund intelligent, zu tun, was andere wollen, für die Katze nicht.

Kann eine Katze überhaupt BEFEHLE verstehen?

Fuß? Sitz? Platz? Fehlanzeige! Das ist höhere Erziehungskunst von Tiertrainern und Zirkusleuten. Auch den Befehl „Bleib!", der ja einem Verbot gleichkommt, würde eine Katze niemals befolgen, wenn die Tür, durch die sie will, gerade offen ist. Der normale Katzenhalter mit einer durchschnittlich begabten und unwilligen Katze braucht sehr viel Geduld, wenn er ihr ein Kommando eintrichtern will, das so ganz ihren Gewohnheiten entgegensteht, wie etwa dieses, an einer Türschwelle stehen zu bleiben. Die meisten Katzen gucken dabei nur interessiert.

Befehlen sehen Katzen grundsätzlich gelassen entgegen, aber kaum einer weiß, dass sie auch perfekt folgen können, denn sie sind ja nicht blöd! Gibt es auf ein Signal (der Name der Katze, ein Pfiff, ein Wort, ein Geräusch etc.) immer (!) ein Leckerchen, kommen sie daraufhin angerannt, sofern sie in Hörweite sind. Sie können das auch als „Komm-Befehl" einem Besucher vorführen und ihn damit ziemlich stark beeindrucken. Ein solcher Lockruf erweist sich auch ganz nützlich, wenn die Katze abends ins Haus soll.

Ist eine Katze ZU SCHLAU zum Folgen?

Gegen zwei Dinge verspürt eine Katze eine gewisse Abneigung: Verbote und Befehle. Verbote umgeht sie, wenn sie kann. Befehle nimmt sie gar nicht erst zur Kenntnis. Wer Kinder im Trotzalter hat, dem kommt das sicher bekannt vor. Daher hat die Erziehung von Katzen Ähnlichkeit mit der von bockigen Kindern – ist nur etwas schwieriger, dafür aber kein Muss. Für die Katze selbst funktioniert die Strategie vermeintlicher Erziehungsresistenz so lange gut, wie ihr Verhalten anderen nicht auf die Nerven geht. Sollte jedoch der Nahrungsmittelnachschub ins Stocken geraten, kann man sehen und staunen, wie schnell sich die Katze den Wünschen anderer fügt. Sich anzupassen, wenn es ausgesprochen ratsam ist, dies zu tun, ist eine sehr auffällige Eigenschaft der Katzen, die große Intelligenz erfordert. Nur so ist es ihnen gelungen, sich perfekt über den Erdball auszubreiten und zu vermehren, und das auch noch bei größtmöglicher Bequemlichkeit. Katzen dürfen mehrheitlich noch immer kommen und gehen, wie es ihnen gefällt. Welchem Hund ist das schon vergönnt?

Woran erkennt man eine besonders INTELLIGENTE Katze?

Intelligenz ist vor allem die Fähigkeit, Probleme zu lösen, und dabei mit möglichst geringem Aufwand maximalen Erfolg und Lustgewinn zu erzielen, ohne einen Rattenschwanz an unerwünschten Folgen in Kauf nehmen zu müssen. Verbote zu

befolgen kommt in der Definition nicht vor. Sie fallen für Katzen in die Kategorie Probleme, die es zu lösen gilt. Ein Nein akzeptiert eine Katze also nur, wenn es ihr andernfalls an den Kragen geht. Deshalb ist es ein Zeichen von Intelligenz, wenn sie ihren Grips nicht nur dazu einsetzt, Verbote geschickt zu umgehen, sondern dass sie auch erkennt, wann es ratsam ist, ausnahmsweise auch einmal zu folgen.

In Hungerzeiten zeigt sie, wie gut sie ein Problem bewältigen kann. Kann sich eine Katze im Alleingang Futter organisieren und sei es mit ungewöhnlichen Methoden? Probieren Sie es an Ihrer Katze aus: Aus einem Intelligenz-Test für Heimtiere von Verhaltensforscher Immanuel Birmelin für Geo-Wissen.de: „Spendieren Sie Ihrer Katze mehrmals täglich vier Leckerbissen – aber niemals mehr und niemals weniger. Bald werden Sie feststellen, dass sich Ihr Liebling nach dem vierten Stück von selber entfernt. Er hat „mitgezählt" und weiß, dass für ihn nun nichts mehr zu holen ist. Nur weniger intelligente oder sehr verwöhnte Tiere betteln weiter."

Gibt es für
SCHLAUE KATZEN
besonders schwierige Spiele? Noch ein Intel-
ligenztest für Ihre Mieze: Verpacken und verstecken Sie Leckerchen und lassen Sie sie tüfteln und ausprobieren. Findet sie heraus, wie sie daran kommt? Verstecken Sie zum Beispiel Dropse, die Ihre Katze mag, in einem kleinen Ball (Tennisball, Tischtennisball, Plastikbällchen). Dazu schneiden Sie ein oder mehrere Löcher in den Ball, so dass ein Drops hindurchpasst. Ein pfotengroßes Loch soll der Mieze auch die Möglichkeit lassen, das Leckerchen herauszuangeln. Schlaue Miezen schaffen das, und es ist gut gegen Langeweile. Oder überraschen Sie Ihre Katze mit einer Höhle, beispielsweise

einer Schachtel mit Schlupflöchern, die Sie dort platzieren, wo die Mieze am liebsten schläft. Steigern Sie den Forscherdrang, indem Sie noch eine Decke darüber legen und einen kleinen Höhleneingang freilassen. Drinnen darf ruhig eine kleine Belohnung auf den Entdecker warten.

Gibt es ZIRKUS-KATZEN?

Von tausend Katzen ist nur eine willig und unerschrocken genug, um eine Zirkusnummer zu erlernen und vor einem Publikum zu zeigen. Das sind die Erfahrungen, die ein Dompteur beim Moskauer Staatszirkus machte, der vor rund 15 Jahren als einer der ersten eine Katzendressur in voller Manege mit einem Dutzend Katzen vorführte und damit sogar auf große Europatournee ging. Hauskatzen-Dressuren sind noch immer selten, weil sie sehr viel Mühe und Zeit kosten. Das Ergebnis fällt auch im Vergleich zu manchen anderen Tierdressuren bescheidener aus, obwohl sich manche Katzennummer im Zirkus wirklich sehen lassen kann: Die Tiere springen durch brennende Reifen und aus schwindelnder Höhe nach unten und das sogar vor Publikum. Zuhause, ohne johlende Menge, ist eine kleine Privatdressur ein bisschen einfacher, aber immer noch eine rechte Geduldsprobe.

Lernt sie wenigstens einfache TRICKS?

Mit Geduld und besonders leckeren Kleinigkeiten kann man einer gelehrigen Jungkatze einfache Spring- und Kletter-Kunststücke beibringen. So kapiert eine junge, neugierige Katze mit ausreichend Grips und Anpassungswillen, dass sie bei dem Befehl „Spring!" über eine Hürde hüpfen oder bei „Los!"

über ein dünnes Brett balancieren soll. Leckerchen gibt es nur, wenn die Katze nach dem Befehl tatsächlich die Hürde korrekt überwindet und nicht drunter durchschlüpft. Zu Beginn trainiert man mit einer kleinen Hürde und zieht eine Schnur als Wegweiser. Eindruck macht es natürlich erst, wenn die Mieze sich auf Befehl, aber ohne Schnur in Bewegung setzt. Und verzichten Sie auf jeden Fall auf Experimente mit Feuer! Ganz sicher brennt eher Ihr Haus ab, als dass eine Katze zum Spaß hindurchspringt.

Kann man ihr „PFÖTCHEN-GEBEN" beibringen?

In Japan heben kleine Katzenfigürchen die linke Pfote höflich zum Gruß. So werden Kunden, die ein Geschäft betreten, von einem solchen Maneki neko genannten Glückskätzchen freundlich begrüßt. Das bringt Geld in die Kasse, denkt man. Eine echte Katze würde die Kunden wahrscheinlich nicht so freundlich begrüßen. Dennoch ist es möglich, dass sie mit gehobener Pfote dasitzt. Das heißt: Einen Schritt näher und ich hau zu! Ihr einen solchen Trick beizubringen, gelingt nur echten Dompteuren, die nichts anderes tun, als sich der Zirkusarbeit zu widmen. Privat hieße dieser Versuch, sich buchstäblich ins eigene Fleisch zu schneiden. Die Erfahrung zeigt nämlich, dass eine zu Kunststücken unwillige oder minderbegabte Katze ohnehin gerne zuhaut, wenn man sie nervt. Da kommt es ihr direkt entgegen, dass sie eine Pfote heben soll.

Muss man Katzen notfalls mit Gewalt ERZIEHEN?

Da bemühen wir uns täglich immer wieder, und doch fruchten unsere Bemühungen überhaupt nichts. Die Katze zerfetzt weiter munter und von

Erziehung: Sofort einschreiten – später schimpfen nützt nichts mehr!

Erziehung unbehelligt die Polstermöbel oder schläft hartnäckig im Bett. Mit Gewalt darauf zu reagieren, ist genau das Verkehrte. Die Katze wird noch mehr Probleme machen und vor ihrem Halter davonlaufen. Besser ist zu prüfen, ob nicht einer der folgenden vier Gründe vorliegt: Eins: Wir verbieten ein elementares Bedürfnis wie das Krallenschärfen. Das funktioniert nicht. Ein Kratzbaum oder -brett muss her. Zwei: Das Verbot oder Gebot ist der Natur der Katze zuwider. Beispiel: Sie darf nicht hinaus, obwohl die Türen offen sind. Drei: Wir erziehen halbherzig und geben widersprüchliche Botschaften an die Katze weiter. Beispiel: Sie wollen keine Katze im Bett, finden es aber ganz schön, mit ihr im Arm einzuschlafen. Vier: Die Strafe folgte nicht der Untat auf dem Fuß und konnte von der Katze nicht mehr zugeordnet werden.

Was ist der häufigste
ERZIEHUNGSFEHLER?

Zu spät schimpfen! Berufstätige haben oft ganz schlecht erzogene Katzen. Denn sie sind nicht da, wenn die Miezen Schabernack treiben. Da sie ihre Katzen nicht auf frischer Tat ertappen, können sie die Missetaten auch nicht auf der Stelle korrigieren. Später zu schimpfen nützt nichts. Die Katze weiß schon zehn Minuten nach ihrer Untat nicht mehr, weshalb man schimpft. Zur Vorsicht verkrümelt sie sich dann, sobald sie dem „bösen" Menschen begegnet. Und der meint dann auch noch, sie hätte ein schlechtes Gewissen, wenn er heimkommt. Manchmal hilft es noch nicht einmal, die Katze direkt zu erwischen. Ein Beispiel: Jagt man einen „Stuhlbesetzer", „Tischläufer" oder „Büroschläfer" häufig mit lautem Schimpfen davon, belastet das die Beziehung zur Katze mehr, als einem lieb ist. In dem Fall ist es besser, anders vorzugehen.

Gibt es auch ALTERNATIVEN zur Erziehung?

Nützt es nichts zu schimpfen, die Katze zu verscheuchen, nass zu spritzen oder mit Fernhalte-Spray abzuschrecken, gibt es einige andere Möglichkeiten, das Problem zu lösen, etwa die Tür zuzusperren oder die unerlaubten Plätze mit unangenehmem Material abzudecken. Welches Material die Katze nicht leiden kann, muss man austesten. Der Phantasie sind dabei keine Grenzen gesetzt, ganz sicher aber mag sie kein Klebeband – mit der Klebseite nach oben, wohlgemerkt. Gute Abschrecker sind ferner Gummitücher, Luftpolster-Folien, zusammengeflickte Eierkartons, Lackfolie, Alu-Folie, ausgerollter Hasendraht.

Springt die Katze immer an derselben Stelle auf den Tisch, kann man unterm Tischtuch eine umgedrehte Mäusefalle verstecken. Die schnappt bei Berührung zu und das erschreckt ohne zu verletzen, da ja das Tuch dazwischen liegt. Etwas anderes, das bei Berührung quietscht, bimmelt oder rattert, erfüllt denselben Zweck. Eine Suche in einem Scherzartikel-Geschäft könnte das passende Gerät zu Tage fördern. Die Katze soll sich jedoch nicht verletzen können.

Der Fachhandel für Einbruchssicherung bietet auch Berührungsmatten an, die sirenenartig losheulen, wenn die Pfoten darauf landen. Das ist allerdings mit einigen Kosten verbunden, ebenso wie ein Bewegungsmelder, der mit einer Hupe verbunden ist.

Wie bremst man einen „FALSCHKRATZER?"

Lässt eine Katze Mobiliar, Boden oder Wände nicht unangekratzt, können Sie sich katzenpädagogisch daranmachen und sie bei jedem Vergehen unter leichtem Schimpfen zum Kratzbaum tragen. Oder Sie lassen gleich einen spitzen Schrei los, wenn sie unerlaubte Stellen ankratzt, und tragen sie dann an den Kratzbaum. Manchmal hilft es, selbst am Sisalwickel des Möbels beispielhaft vorzukratzen. Hartnäckige Kratzgenossen kann man zur Umkehr ans Krallenmöbel bewegen, wenn man Blumenspritzen oder Wasserpistolen bereitliegen hat, um den Übeltäter auf frischer Tat nass zu machen. Ein Versuch mit Cat-Stopp-Sprays kann Erfolg haben, muss aber nicht. Da sind Katzen ganz eigen. Während der Erziehung bzw. Umgewöhnung an den Kratzbaum deckt oder klebt man am besten die unerwünschten Stellen ab oder stellt etwas davor. Den Kratzbaum selbst platziert man zwischen Schlaf- und Futterplatz. So kommt sie in Wetzlaune immer daran vorbei.

Warum gehen Katzen die WÄNDE hoch?

Sie langweilen sich, brauchen Bewegung, sind frustriert und einsam und warten auf ihre Weise, bis der Halter von der Arbeit endlich wieder zurück ist. An der Situation können Sie vielleicht nicht viel ändern, an den Wänden dann schon eher.

Bci Tapeten ist es sehr schwierig, die einmal entflammte Leiden-schaft für Raufaser wieder abzugewöhnen. Möglicherweise bleibt nur die eine Lösung, das Tier während der eigenen Abwesenheit aus frisch tapezierten Räumen auszusperren. Eine weitere Mög-lichkeit: Tapezieren Sie den Kratzbaum mit Raufaser und präpa-rieren ihn anziehend mit einem Geruch, den die Katze liebt! Oder werden Sie kreativ und malen Sie mit einer ungiftigen Farbe die Kratzstelle hübsch an, am besten mit einem Motiv, das durch die aufgerissenen Stellen wie ein gelungenes 3-D-Bild wirkt. Man kann auch die Wände ganz neu gestalten, etwa mit einer Lacktapete, Latex-Anstrich, Fliesen, PVC oder Linoleum.

Warum soll man einer PINKELKATZE nicht die Nase in ihre Pfütze tauchen?

Weil Katzen das als einen feindlichen Übergriff auf ihre Person ansehen und sie fortan dem Menschen, der das getan hat, aus dem Weg gehen. Zur Strafe pinkeln sie dann erst recht in die Wohnung. Somit ist mit dieser auch in Hundekreisen schon antiquierten Methode nichts gewonnen, sondern im Gegenteil: Die Katze ver-liert das Vertrauen in den Menschen und sieht zu, dass sie weg-kommt. Dieses Verhaltensmuster ist für die Katze logisch, nimmt sie doch den Menschen als Mutter-Ersatz an. Nur haben Katzen-mütter dummerweise die Eigenschaft, ihre Kinder ziemlich bald und unsanft aus dem Nest zu schmeißen. Ist man nun grob zur Katze, heißt das für sie schlicht: Aha, Zeit zum Gehen! Gegen Unsauberkeit gibt es ein Pheromon-Präparat (Feliway®), das eine Katze, die aus dem inneren Gleichgewicht geraten ist, wieder har-monisiert. Manche Katzenhalter berichten auch über gute Erfah-rungen mit Bach-Blüten.

Kann man eine Katze „STRASSENSICHER" machen?

Manche Katzen erkennen die Gefahren des Straßenverkehrs, andere nicht. Erstere lernen es von der Mutter. Sie beobachten andere Katzen beim Überqueren der Straße. Sie konnten sich einmal nur mit knapper Not vor einem Auto retten. Oder sie sind von Natur aus sehr ängstlich. Das alles kann eine Rolle spielen, aber auch: Was Kätzchen nicht lernt, lernt Katz nimmermehr. Deshalb macht es Sinn, eine erwachsene Katze, die zum ersten Mal an einer gefährlichen Straße wohnt, z.B. nach einem Umzug, straßensicher zu trainieren. Das Straßentraining, das der Schweizer Katzenexperte und Tierverhaltensforscher Dr. Dennis C. Turner entwickelt hat, basiert auf Abschreckung. Man jagt der Katze eine solche Furcht vor der Straße ein, dass sie die Fahrbahn künftig meidet. Dem Tier kann dabei nichts passieren, denn es sitzt die ganze Zeit im sicheren Katzenkorb, während direkt vor seinem Kopf die Autos vorbeibrausen. Im Wesentlichen besteht das Training darin, das Tier in einen mit einem Tuch abgedeckten Katzenkäfig zu setzen und von der Haustür zur Straße zu tragen. Tuch kurz abdecken, wenn ein paar Autos kommen, Katze erschrecken lassen, dann langsam wieder zurücktragen, damit die Katze auch sicher weiß, in welcher Richtung vom Haus aus die lärmenden Monster vorbeirauschen.

Geht eine Katze freiwillig durch die KATZENKLAPPE?

Katzen lernen durch Beobachtung. Wenn eine andere Katze durch die Klappe entschwindet und aufregend duftend wieder hereinkommt, weiß ein Neuling schon Bescheid. So finden Katzen den Weg durch die Klappe ganz von selbst. Einige muss man vorsichtig heranführen, ihnen die Klappe zeigen, die Tür etwas hochhalten und eine Schnur oder ein Spielzeug hindurchziehen, damit sie hinterherspringen wollen. Die Schwingtür ganz hochzuhalten bringt nichts. Denn die Katze muss nicht lernen, dass da ein Loch nach draußen ist. Das sieht sie ja. Sie muss die Angst überwinden, eine Tür mit dem Kopf aufzudrücken, und soll von Anfang an das richtige Durchschlupf-Gefühl kennen lernen. Dazu gehört es zu ertragen, dass das Plastik-Kläppchen über Kopf, Körper und Schwanz streift und nach ihr mit einem leisen Geräusch schließt. Ein kleiner Trick: Man kann die Tür auch vorübergehend in einen Karton einbauen und den Ernstfall in aller Ruhe und spielerisch proben. Oder man lässt die Klappe zunächst gleich längere Zeit aufgeklappt und lässt den Freilaufdrang so richtig in die Katzenseele sickern. Und dann bringt man die Tür wieder in ihre Normalstellung. Vielleicht ist es zufällig Frühling, man geht selbst in den Garten und lässt die Katze im Haus hinter der Katzentür sitzen. Dann muss man sicher nicht lange auf sie warten.

Sollte man froh über eine nicht ganz so INTELLIGENTE Katze sein?

Eine gescheite Katze ist nicht nur neugierig, sondern auch erfinderisch. Und diese „Erfindungen" bringen eine Daniel-Düsenmiez immer wieder in Schwierigkeiten, aus denen wir sie retten müssen. Selbst wenn sie gerade nicht in einer Klemme steckt, hält sie uns in Atem. Sobald sie außer Sichtweite ist, gerät man als Halter einer Schlaukatze in Alarmbereitschaft. Lockt sie schon wieder die Aquarienfische an den Beckenrand, um sie herauszuangeln? Hat sie die Futterschachtel im Schrank gefunden? Hat sie den Kühlschrank aufgemacht? Liegt wieder irgendwo ein aufgebissener Futterbeutel herum oder ist sie selbst schon wieder über alle Berge? Mit ihr unter einem Dach zu leben, ist etwa so, als ob man 15 Jahre lang ein Kleinkind zu Hause hätte. Nur werden aus Kindern einsichtsvolle Erwachsene und aus schlauen Katzen werden nur erfahrene schlaue Katzen. Das ist noch schlimmer!

Sollte man froh über eine nicht ganz so intelligente Katze sein?

Halten Wasserbetten Katzen-krallen aus?

... und 22 weitere Fragen zum modernen Leben mit Katzen

Fühlt sich eine WOHNUNGSKATZE wohl?

Wenn man „wohlfühlen" mit „gesund und munter sein und keine Unarten entwickeln" definiert, dann fühlen sich die gut behüteten Wohnungskatzen rundum wohl. Wer andererseits jemals gesehen hat, mit welchem Genuss sich Katzen in die Sonne legen und an Blumen schnuppern, möchte ihnen das nicht nehmen. Doch wie kann ein Wohnungstiger im Grünen lustwandeln, Sonne tanken, die Natur erleben? Da die Sonne auch auf bepflanzte Balkone und durch Fenster scheint und wir mit Zäunen, Drahtgeflechten, Fenstereinsätzen, Blumenkästen und vielen Ideen mehr auch dieses Bedürfnis stillen können, scheint Freilauf entbehrlich zu sein. Und die vielen zufriedenen Wohnungskatzen zeigen auch, dass wir die Freiheitsliebe der Katzen meistens vermutlich deutlich überschätzen.

Wo sollen Toilette, Näpfe und KRATZBAUM stehen?

Diese Frage ist wichtig, denn Katzen sind beinahe so pingelig wie wir. Neben ihrem Katzenklo leeren sie ihren Napf nur, wenn der Hunger größer als der Ekel ist. Andererseits sind manche Katzen selbst so ferkelige Fresser, dass uns beim Essen der Appetit vergeht, wenn sie ihren Futterplatz in der Nähe des Esstisches stehen haben. Damit solche Katzen ihre Napfmanieren ausleben können, stellt man das Futter nicht in Küche oder Esszimmer, sondern in den Flur und schließt die Tür.

Ansonsten ist die Verteilung des Katzenzubehörs auf folgende Weise optimal gelöst: Kratzbaum mit Schlafhöhle im Wohnzimmer mit Ausblick nach draußen. Zusätzlicher Schlafplatz auf der Heizung an einem Fenster mit interessantem Ausblick. In einer Ecke des gekachelten Flurs, im Badezimmer oder in einer Gästetoilette findet die Katzentoilette ihren Platz. Die Türen müssen Sie immer einen Spalt offen stehen lassen oder in die Tür eine Katzenklappe einbauen. Aber warnen Sie Ihre Gäste, dass sie auf der Toilette unerwarteten Besuch bekommen könnten.

Warum TRINKEN manche Katzen so gerne aus dem Wasserhahn?

Katzen trinken am liebsten frisches, ungechlortes Leitungswasser. Dass manche Katzen trotzdem lieber aus Pfützen, aus Teichen, aus dem Aquarium, vom tröpfelnden Wasserhahn, aus dem Luftbefeuchter, einem Zierbrunnen oder aus der Gießkanne trinken, hat einen einfachen Grund: Sie trinken nicht gern dort, wo ihr Futternapf steht. Das ist nämlich nicht das, was Katzen in der freien Natur erleben. In der Regel sitzt die Katze irgendwo mitten in einer Wiese oder im Wald, wenn sie nach dem Fressen Durst bekommt. Und dann ist es eher Zufall, wenn sie gerade dort einen Trinknapf mit Frischwasser neben dem Mauseloch finden sollte. Es kann im Haus jedoch gefährlich werden, wenn die Katze andere Trinkquellen als den Napf nutzt. Halten Sie die Katze fern, wenn Sie Reiniger in die Toilette, Dünger ins Gießwasser oder ein Medikament ins Aquarium gegeben haben.

Warum sollten Katzen im BÜRO nicht allein sein?

Stellen Sie sich vor, man wollte Ihnen den Job Ihres Lebens anbieten und die Sekretärin bittet Sie auf dem Anrufbeantworter um einen Rückruf, und dann ... ja, dann latscht die Katze über die Abspieltaste und hört aus Versehen die eingegangenen Anrufe ab, ohne dass Sie je davon erfahren. Oder die Katze löscht beim Spaziergang

über die Tastatur eine Datei, aktiviert einen Dialer oder bringt Programme zum Absturz. Das bekommt eine Bedeutung, die gegenüber einer Schlammspur aus Pfotenabdrücken quer über den Schreibtisch echte Größe besitzt. Das sind Schäden, die praktisch nicht zu beschreiben sind. Dafür geht's aber der Katze gut. Trotzdem: Wer sich selbst den dreiviertel Tag lang im Büro aufhält und die Katze vor die Tür setzt, bekommt eine Mieze, die ihn kaum kennt. Sie wird sich jenseits der Bürotür einsam fühlen, wenn sonst keiner da ist, der sie liebt und umsorgt. Deshalb ist es für beide Seiten angenehm, im Büro eine Katzenschlafstatt einzurichten – die aber nur benutzt wird, wenn auch der Mensch anwesend ist!

Gibt es richtige und falsche KATZENSTREU?

Nicht direkt, aber Klumpstreu ist weitaus beliebter als die Körnchen, die sich bei Gebrauch nicht verkleben, die weniger saugfähig und schlechter zu reinigen sind und mehr Geruch abgeben. Das sind die Kriterien, nach denen die meisten Katzenhalter sich für eine Streu entscheiden. Was die Katzen selbst angeht, so entwickelt jede zweite eine besondere Vorliebe für eine Streu. Und in dem Fall gibt es auch „falsche" Streu, dann nämlich, wenn die Katze aus Protest unsauber wird. Etwa fünf Prozent der Katzen machen gelegentlich eine Pfütze außerhalb ihrer Toilette, aber bei den meisten lässt sich dieses Problem lösen, indem der Halter die Katzentoilette öfter sauber macht, eine andere Streu ausprobiert, das Klo woanders hinstellt oder ein anderes Behältnis wählt. Manche Katzen mögen keine Klohöhle, sondern am liebsten nur eine Schale, aus der sie die Körnchen nach Herzenslust herausscharren können.

Welche PFLANZEN sind nichts für Katzen?

Knabbert sich die Katze wahllos durch das heimische Grünzeug, räumen Sie am besten alles weg bis auf Katzengras und Katzenminze. Überkommen die Katze nur gelegentlich Gelüste auf der Fensterbank, nehmen Sie zur Sicherheit alle Wolfsmilchgewächse weg, überdies Efeu, Usambaraveilchen, Alpenveilchen, Amaryllis, Einblatt, Dieffenbachia und Anthurie, Christusdorn, Monstera (Fensterblatt), Philodendron, Gummibaum, Weihnachtsstern, Orchideen, Klivie, Spargel. Die übrigen checken Sie am besten anhand einer Giftpflanzenliste (im Buchhandel oder aus dem Internet) durch.

Draußen achten Sie vor allem auf folgende Pflanzen: In Balkonkübeln Oleander, Farne, Fingerhut, Rittersporn, Hortensien, Begonien, Geranien, Stechapfel und Engelstrompete, Calla, Bougainvilleen, Mohn. Von den häufig gepflanzten Stauden im Freiland Rhododendren (Alpenrosen) und Azaleen, Kirschlorbeer, Liguster, Buchsbaum, Eibe, Thuje (Lebensbaum), Lupine, Robinie, Magnolie, Bambus, Gold- und Blauregen, Rhizinus, Schneebeere, Pfaffenhütchen, Tränendes Herz, Schwertlilie, Akelei, Eisenhut, Christrose und Küchenschelle. Fast alle Frühblüher sind giftig, so zum Beispiel Waldmeister, Maiglöckchen, Schneeglöckchen, Stiefmütterchen, Primel, Krokus, Narzissen, Tulpe, Tabak, Veilchen, Nelken, Wicken, Clematis.

Im Gemüsebeet muss man an die giftigen Bohnen, Kartoffelstauden und Tomaten denken. Von den Wildpflanzen sind besonders die Tollkirsche, die Herbstzeitlose, die Herkulesstaude und ihr kleiner Vertreter, der Bärenklau, giftig. Die Liste ist zwangsläufig unvollständig, auf Nummer sicher geht man nur mit Hilfe eines guten Giftpflanzenbuchs.

Wie rette ich meine Pflanzen vor KATZENKRALLEN?

Bevor die Katzen vor Langeweile kaputt gehen, spielen sie lieber die Pflanzen kaputt. Aus Hunger fressen Katzen jedenfalls kein Grünzeug. Es hat daher Vorteile, einer Wohnungskatze genügend Spielzeug anzubieten und die Stubentiger zur Sicherheit nicht mit baumelnden Ranken, wedelnden Blättern oder stacheligen Stängeln allein zu lassen. Freilaufkatzen knabbern sehr selten ein anderes

Grün als Gras. Es unterstützt die Katze bei der Magenreinigung, da es ihr hilft, unverdauliche Kost nach draußen zu befördern. Eine auf der Fensterbank angesäte Schale Gras finden fast alle Katzen zum Reinbeißen appetitlich. Bei Zyperngras und Grünlilien kann man auch noch sicher sein, dass ein paar Blättchen davon nicht giftig sind.

Katzen können ganze Beete verwüsten: Sie scharren in frischer Erde und schlafen in duftenden Stauden.

Alle Pflanzen, auf die es die Dschungeltiger der Fensterbänke abgesehen haben, müssen entweder hinter Glas oder so aufgehängt oder -gestellt werden, dass auch ein tollkühner Sprung kein Erreichen möglich macht. Manchmal bietet auch ein für Katzen verbotener Raum im Haus eine Stelle für die Pflanze. Liegt das Problem nicht beim Anknabbern, sondern am Scharren in der Erde, hilft nur eines: Man deckt die Erde luft- und wasserdurchlässig ab. Möglichkeiten dazu gibt es viele: Gitter, Netz, Flies, Draht, abgeschliffene Ton- oder Keramikscherben oder grober Zierkies.

Wie schütze ich meine Katze vor den TOPFPFLANZEN? Das

Spielen mit Grünpflanzen ist nicht gefährlich, solange es nur beim Spiel bleibt. Zerrupft sie dabei den Bonsai, sieht die Katze besser zu, dem verärgerten Besitzer der wertvollen Pflanze nicht zu begegnen. Man kann nur hoffen, dass der vierbeinige Übeltäter keine Pflanzenteile gefressen hat. Denn die meisten üblichen Topf- und Balkonpflanzen, Schnittblumen und Baum- und Strauchzweige sind nicht genießbar bis tödlich giftig. Eine Liste der giftigen Pflanzen wird immer unvollständig sein, weil man schlecht alle im Handel befindlichen Pflanzen auf ihre Giftigkeit an Katzen testen kann und das gleich in mehrfacher Hinsicht tun müsste, weil manchmal nur die Blätter, dann wieder die Stängel, Früchte, Blüten, Wurzeln oder der Pflanzensaft giftig sind.

Warum muss man an WEIHNACHTEN besonders gut aufpassen? Das Problem fängt schon im November

an, wenn Sie den Platz für den Adventskranz freiräumen und Ihnen dabei zwei neugierige Augen aufmerksam zusehen. Was kommt da hin? „Was Schönes zum Zerfetzen", scheint sie zu denken. Und das wird auch das Erste sein, das die Mieze tut, wenn ihr Figürchen, Zweige und Schleifen verführerisch entgegenragen. Zwei Tage später ist das hübsche Arrangement zerfleddert wie frisch aus dem Wäschetrockner. Aber besser das als eine Katze, die mit dem Adventskranz gleichsam den Selbstmord probt: Da müssen Sie schon gut aufpassen, dass sie sich den Schwanz nicht an der Kerze anbrennt, während sie die giftigen Eibenzweiglein aus dem Adventskranz zupft und frisst und nebenbei auf eine spitze Steckklammer tritt. Am Christbaum geht das gefährliche Spiel dann weiter: Tödlich kann es sein, wenn die Katze Lametta verschluckt. Glaskugeln zerbrechen unter ihren Pfoten, der Baum kracht um, brennende Kerzen zünden dabei den Vorhang an usw. Der beste Schutz für einen Christbaum ist dieser selbst. Eine ganz gewöhnliche Fichte mit piekenden, spitzen Nadeln hält die Katzen ganz allein auf Abstand, und Baumschmuck aus Stroh, Holz, Salzteig, Zieräpfeln, Ton oder Papier ist genauso schön wie Glimmer und Flitter.

Muss man auf NIPPES & CO. ganz verzichten? Ein „Ja" wäre die einfachste Lösung.

Aber in einer schmucklosen Wohnung fühlt sich auch die Katze nicht wohl. Was aber bleibt, wenn Kugeln und Kerzen, Glitzer und Lametta nicht für einen Katzenhaushalt taugen? Weichen Sie auf ungefährliche Materialien für Ihre Dekorationen aus. Besorgen oder basteln Sie Deko-Gegenstände aus Papier, Pappe, Bändern, Stroh, Moos, Borke von Fichten, Holz und Wurzelholz, Trockengras, Heu-Figuren, echte Äpfel, Plastikäpfel, Schmuck und Kränze aus Stroh oder Stoff, Fichte, Tanne, Hasel, Buche, Ahorn, Weide und andere.

Verzichten Sie auf Zweige mit Früchten bzw. Samenständen. Nehmen Sie auch keine Zweige von Eiben, Thujen, Ilex, Efeu, Wildem Wein und anderen giftigen Bäumen und Sträuchern, auch und erst recht dann nicht, wenn noch lecker aussehende, aber giftige Beeren dranhängen. Es gibt als Ersatz Seidenblumen, die täuschend echt aussehen. Wachskerzen lassen sich durch elektrische ersetzen. Die Alternative sind Laternen und Windlichter, die man katzensicher aufstellt oder von der Decke herabhängen lässt. Auch Fensterbilder, Feng Shui-Klangspiele und -Kristalle können Stimmung erzeugen, ohne den Magen der Katze zu verstimmen.

Sind Katzen im BETT unhygienisch?

Vier Uhr morgens macht es plumps und ein nasser Sack von Katze landet auf der Satin-Bettwäsche, trampelt sich am Fußende eine hübsch mit Pfotentappern verzierte Kuhle, leckt sich ein bisschen, rollt sich ein und schläft. Hygienisch

wäre dies rein zufällig, angenehm ist es auch nicht jedem, aber „was soll's" denken viele und legen eine Katzendecke übers Plumeau. Wenn sich jedoch mitgebrachte Zecken auf Wanderschaft machen, um vielleicht etwas Besseres zu finden als eine Katze, während sich diese in aller Ruhe ihre Flohstiche leckt, dann ist es höchste Zeit, zu entflohen, Zeckenschutz aufzutragen und vermutlich auch ein Mittel gegen alle denkbaren Würmer zu geben. Dafür gibt es Ampullen beim Tierarzt, die man der Katze in den Nacken reibt, sowie Pasten und Tabletten gegen Würmer. Dann muss man die Katze säubern und striegeln. Wenn die ganze Chemie mitsamt dem Ungeziefer wieder aus dem Fell verschwunden ist, dann darf die Katze am nächsten Abend wieder mit ins Bett. Bei Flohbefall müssen das Bett und vielleicht sogar die ganze Wohnung mit entfloht werden.

Halten Wasserbetten KATZENKRALLEN aus?

Katzen sind wasserscheu. Um keine unfreiwillige Dusche zu nehmen, würden sie niemals ihre Krallen ins Wasserbett schlagen. So wäre das vielleicht, wenn eine Katze schon einmal eine einschlägige Erfahrung mit einem undichten Wasserbett gemacht hätte. Das geht aber nicht oder ist zumindest äußerst unwahrscheinlich. Denn die Auflagen auf dem Wasserbett sind so dick, dass die Katzenkrallen gar nicht bis zur Wasser führenden, innersten Hülle durchpieksen können. Die Händler geben jedenfalls Entwarnung – Katzenhalter könnten unbesorgt ein Wasserbett ins Schlafzimmer holen und ihre „Kuscheltiere" mitnehmen. Katzen schlafen übrigens besonders gerne auf Wasserbetten, weil diese beheizt sind. Katzentraumhaftschön ist das für sie!

Warum fallen Katzen von BALKONEN, nicht aber von Kratzbäumen?

Sie fallen manchmal auch vom Kratzbaum, aber selten. Denn eine Katze hat ein Gespür dafür, wie groß ihr Schlafplatz ist und welche Bewegung sie besser nicht machen sollte. Vom Balkon aber fallen sie selten deshalb, weil sie auf dem Geländer schlafen. Vielmehr locken kleine Fliegewichtel, vom Schmetterling bis hin zur Meise, eine Katze aus der Reserve und aus der Sicherheit. Deshalb ist ja auch das Einhüllen eines Balkons mit einem Netz unbedingt nötig. Leider haben aber manchmal die Vermieter etwas gegen diese Art Klein-Gefängnis. Vom Hinterhof aus darf ein Balkon ruhig so aussehen, befanden Richter und erlaubten einem Katzenbesitzer, ein Netz anzubringen, allerdings keines, das die Bausubstanz beschädigt. Mit Klemmstangen oder Schraubzwingen, notfalls auch mit Stangen, die man in einem Betoneimer senkrecht stellt, oder mit einem stabilen Gartenschirm-Ständer lassen sich Netze, auch ganz ohne die Wände anzubohren, befestigen. Beim Kratzbaum brauchen Sie kein Netz, keinen doppelten Boden und kein Sprungtuch – Katzen fallen nicht weit genug, um sich ernsthaft weh zu tun.

Warum SPIELEN Katzen so gerne Brettspiele?

Beobachtet man seine Katze beim Spiel, erkennt man schon bald, zu welcher Fraktion sie gehört. Die „Oralisten" nehmen ihre Beute ins Mäulchen und tragen sie fort. Bei denen sollte man möglichst kein Malefiz- oder Mensch-ärgere-Dich-nicht-Spiel unbeaufsichtigt stehen lassen. Die Katze wird nicht nur jeden guten Zug verhindern, indem sie alles durcheinanderwirft. Sie wird auch probieren, wie sie diese kleinen Holzstückchen transportieren kann. Die „Pfotisten" schubsen dagegen Spielzeug vorwiegend mit der Pfote weiter. Katzen bei Schach, Mühle, Dame und anderem mitmachen zu lassen verspricht ein paar lustige Stunden, solange man gut aufpasst, dass nicht doch ein Spielstein in der Katze verschwindet.

Lassen Sie die Katze einfach mitspielen! Wetten Sie, wie lange es dauert, bis der Würfel unerreichbar unterm Schrank liegt. Oder wie viele Würfel Ihre Katze verschusselt, bis Sie das Spiel zu Ende gespielt haben. Einige zusätzliche Würfel sollten Sie daher bereitliegen haben. Beliebt sind auch „Spitz pass auf!"- oder Angel-Spiele, Eisenbahnen, Kugelbahn, Murmelspiele, einfach alles, was sich bewegt oder bewegt werden kann.

TOBEN und RENNEN in einer kleinen Wohnung – geht das?

Manche Wohnungen setzen dem Bewegungsdrang der Katzen enge Grenzen: Herumrennen können ist allerdings nur die halbe Miete beim Spielen. Eine Katze möchte auch klettern und springen. Manchmal macht allein schon die Möglichkeit Freude, vom Kratzbaum auf einen Schrank oder ein Fensterbrett hüpfen zu können. Das Höchste der Gefühle ist eine Kletterlandschaft, rund ums Zimmer oder ums Einzimmer-Appartment. Laufplanken aus Holz und Sisal, Treppchen, Plateaus, Schlafhöhlen, Hängematten, Sitzpolster und viele kleine baumelnde Spielzeuge machen die Rennstrecke in luftiger Höhe perfekt. So tobt sich die Katze „oben" aus und unten geht kein Platz verloren.

Wie RENOVIERT man die WOHNUNG katzenfreundlich?

Man muss es sich nur vorstellen: Die Katze kommt hereingestürmt, schlittert über den glatten Steinboden, übersieht die Glastür, flüchtet sich vom Aufprall noch ganz benommen auf die Fensterbank, wo sie sich im Organza-Vorhang verheddert, während gerade die Automatik-Rolläden herabsurren. Und es könnte noch schlimmer kommen! Katzen mögen es kuschelig und warm mit Holzböden, Teppich, Tapeten, Türen, die man auch sehen kann, Fenster, aus denen sie auf ein interessantes Szenario gucken können, und Fluchtpunkte, wo ihnen keine Gefahr von oben entgegen-rattert. Und sie lieben es, ihre Krallen in Material zu schlagen, das Widerstand leistet, letztlich jedoch klein beigibt: Holzmöbel, Tür-rahmen, Teppichboden, Raufasertapete, Ledersofa, Postermöbel, Jeans mit Beinen drin und zum Glück auch Katzenmöbel. Wer sich und seine Wohnung nicht allmählich in kleine Streifen zerlegt haben möchte, entscheidet sich daher am besten gleich für einen Kratz- und Schlafbaum. Da darf sich eine Katze mit ihren Krallen austoben, von oben Ausschau halten und ausschlafen ist im Kuschelkörbchen auch noch möglich.

Braucht man unbedingt einen KRATZBAUM?

Diese Kratz- und Katzmöbel aus beigem Sisal, bespannt mit Plüsch in Braun, Beige, Pink, Blau mit Pfotentapper-Motiv oder ganz in Schwarz (für die Designer-Wohnung) stechen hervor, bilden in jedem Wohnzim-mer einen besonderen Blickfang und laden die Katze selbstver-ständlich ein, hinaufzuklettern, sich hineinzulegen und daran zu kratzen. Abseits vom Alltagsleben, also in einer langweiligen Ecke der Wohnung und somit dort, wo wir Menschen dieses Möbelstück am liebsten hinstellen würden, genau dort beachtet die Katze es nicht. Wer daher aus optischen Gründen auf einen Kratzbaum ver-zichtet, wird sich möglicherweise bald anders entscheiden, um Blick und Katzenkrallen von der zerschlissenen Polstergarnitur auf das Kratzmöbel zu lenken. Man kann es auch mit einem Kratzbrett probieren. Doch die Versuchung ist für Katzen nicht so groß, der Effekt nicht überzeugend und außerdem glauben Katzen ohnehin, dass sie ein Recht auf die besten Plätze haben. Und die sind nun einmal hoch oben auf einem Kratzbaum, neben dem Sofa, dem Esstisch oder Computer.

Wie bändigt man herumfliegende und -liegende KATZEN-HAARE?

Wenn überall Katzenhaare herumfliegen und sogar bis in die Küchenschränke kriechen, an der Kleidung kleben und sich binnen weniger Stunden zu Knäueln auf dem Boden zusammenrotten, ist das ein untrügliches Zeichen für akuten Haarwechsel (im Frühjahr und Herbst), aber auch für mangeln-

de Fellpflege – oder Raumpflege, je nachdem. Kommen die Haare massiv angeflogen, muss man die Katze täglich gründlich bürsten und kämmen. Nach zwei bis drei Wochen ist der Spuk wieder vorbei bzw. die Haarmenge auf der Kleidung erträglich. Fusselrollen sind gut für die Kleidung. Polster und Teppiche werden „enthaart", indem man sie mit einer normalen Handbürste oder mit einem Widerborsten-Entfussler abrubbelt. Die einfachste Lösung ist, Polster und Teppich mit einem guten und superstarken Staubsauger sowie mit Hilfe der kleinen Düse zu bearbeiten.

Wie verhindert man, dass eine WOHNUNGSKATZE entwischt?

Wenn Sie einen dieser felinen Freiheitskämpfer haben, der hinter der Tür darauf lauert, dass sie einen Spalt geöffnet wird, um mit Wucht nach draußen zu stürmen – dann ist das ohnehin eine Katze, die nicht in der Wohnung glücklich sein kann. Für vorübergehende Wohnungsisolation sperren Sie eine solche Katze besser in einen separaten Raum, von wo aus sie nicht an die Haustür sausen kann. Da drinnen gibt es dann ohnehin Randale. Für eine Wohnungskatze ist dies keine Dauerlösung. Bei ihr kann man auch die „sanfte" Methode probieren, nämlich vor dem Weggehen die Mieze mit ein paar Futterbröckchen abzulenken, so dass man verschwinden kann, bevor sie aufgefressen hat. Beim Heimkommen muss man sich angewöhnen, die Tür nur einen Spalt zu öffnen und mit der Hand die Katze zurückzuhalten oder auf den Arm zu nehmen und erst einmal wegzusperren, solange man die Haustür offen halten möchte oder muss, etwa weil das Auto noch voller Einkäufe ist, die man stressfrei hereintragen möchte.

Wer kann, baut eine Katzen-Rückhalte-Tür. Damit muss man ein bisschen erfindungsreich sein und handwerkliches Geschick haben. In einem Abstand von mindestens einem Meter trennt man den Weg zur Haustür mit einer zweiten ab, zum Beispiel mit einer Falt- oder Schiebetür. Wer keine solchen Einbauten machen darf, kann sich mit einem schweren Vorhang behelfen, der an allen Seiten so befestigt wird, dass die Katze nicht daran vorbeikommt. Praktisch sind für diese Zwecke auch Glastüren, durch die man sehen kann, ob eine Katze direkt davor sitzt.

Kann man die eine Katze als Wohnungs-, eine andere als FREILAUFKATZE halten?

Bei Züchtern darf oft eine der Katzen, meistens eine normale Hauskatze, nach draußen. Dort sind die Rassekatzen so untergebracht, dass sie ohnehin nicht ausbüchsen können. Wer eine neue

Katze nicht hinauslassen will, aber noch eine weitere Katze da ist, die Freilauf gewohnt ist, muss eine Katzenschleuse bauen. Es ist mit ein wenig Aufwand verbunden, aber es geht, wenn der Vermieter keinen Einwand gegen den Einbau einer Katzenklappe hat. Wenn man eine Katzentür findet, die sich mit einem Halsbandschlüssel sowohl von innen als auch von außen öffnen lässt, dann ist das kein Problem. Nur: Es gibt sie momentan noch nicht, sondern ausschließlich Klappen, die entweder ganz zu, ganz offen oder in einer Richtung durchgängig sind. Man muss daher auf zwei Katzentüren ausweichen, eine, die den Zugang in eine Schleuse ermöglicht, und eine, die von dort entweder hinaus oder ins Haus führt. Als Schleuse eignen sich eine Garage, ein Windfang oder ein Kellerraum. Die Klappen werden so montiert, dass die eine den Eingang aufsperrt und die andere den Ausgang. Die Katze geht also – egal in welche Richtung – erst durch eine Tür in die „Schleuse". Hinter ihr schließt sich die Klappe. Dann geht sie durch die andere Klappe, die von der Schleusenseite auch ohne Schlüssel passierbar ist, weiter. Die zweite Katze kann nicht folgen.

Kann man eine
KATZENKLAPPE
auch in ein Fenster einsetzen? Man kann,

aber man darf manchmal nicht. Dann jedenfalls nicht, wenn der Vermieter Einwände dagegen hat. Grundsätzlich sind alle Fenster und Türen in einem normalen Haushalt katzenklappenfähig mit Ausnahme der Sicherheitsstahltür zum Heizungsraum. Selbst eine Doppelverglasung stellt kein Problem für den Einbau dar. Ein Glaser oder eine Fensterbaufirma kann die Katzenklappe einbauen, rundum versiegeln und dann das zwischen den Scheiben nötige Vakuum wiederherstellen. Für den Kauf der Klappe muss man die

Dicke des Fensters wissen. Ersetzt man eine alte durch eine neue, muss man dagegen ausmessen, wie groß das bereits vorhandene Loch ist. Mit einer Katzenklappe kann man auch den innerhäusigen Katzenverkehr in gewünschte Bahnen lenken. Denn auch in ganz normale Zimmertüren sind die Katzentüren einsetzbar. Und: Alle Katzenklappen mit Ausnahme eines reinen Schlupflochs, sind verriegelbar.

Ist es in der Wohnung sicherer als DRAUSSEN?

Die Liste der Gefahren ist drinnen genauso lang wie die für draußen. Nur ist der Autoverkehr als Katzenkiller Nummer eins nicht abzuschaffen, während man im Haus mit kleinen Veränderungen die Gefah-

Putzmittel immer gut verschließen oder wegsperren!

renquellen beseitigen kann. So ist es kein Wunder, dass Freilaufkatzen nur halb so alt werden wie reine Wohnungskatzen. Andererseits ist es ein Wunder, dass Katzen bei diesen vielen Gefahren im Haus doch häufig 15 Jahre alt und sogar noch älter werden.

Im Haus muss man aufpassen, dass dort, wo Katzen Zugang haben, keine Fenster offen stehen, erst recht nicht in Kippstellung – eine tödliche Falle für die Katzen. Kippfenster kann man mit Randgittern sichern. Es gibt sie im Spezial-Katzenversandhandel.

Ferner sind im Haus gefährlich: Schwingtüren, offene Kamine, heiße Herdplatten, Backöfen und Bügeleisen, instabile Gegenstände, die herunterfallen können, Galerien und Geländer, rutschige Treppen, Werkzeug, Nähkorb, Strickzeug, Kerzen, Zigaretten, Waschmaschine, Trockner, Pflanzen, Medikamente, Genussmittel, Chemikalien, Dekoration und herumliegende Kleinteile. Im Garten sind vor allem gefährlich: heißer Grill, Gartengerätehaus, Teich und Wassertonnen.

Braucht man für Katzen eine VERSICHERUNG?

Wichtig ist nur, dass der Halter eine Privathaftpflichtversicherung abgeschlossen hat. Die sichert nicht nur ihn und seine Familie ab, sondern bezahlt auch die Schäden, die durch die Familienkatze bei Nachbarn entstehen. Hunde sind dagegen nicht über die Privathaftpflicht versichert, für sie ist ein spezieller Vertrag nötig.

Man kann für eine Katze eine Krankenversicherung abschließen, aber vorgeschrieben ist auch diese nicht. Neben einer vollen Tierkrankenversicherung gibt es auch abgespeckte Versionen. Man kann wählen, ob man nur Operationen, Vorsorge-Leistungen oder nur Unfallfolgen versichern will. Und schließlich ist als neuestes Angebot sogar eine Art Lebensversicherung möglich, eine Sterbegeld-Versicherung. Katzenhalter, die noch keine 70 Jahre alt sind, können damit sicherstellen, dass nach ihrem Tod für den weiteren Unterhalt der Katze 2.500 bzw. 5.000 Euro bereitgestellt werden. Eine Variante davon ist die Unfalltod-Zusatzversicherung. Bei der wird das Geld nur gezahlt, wenn der Halter durch einen Unfall plötzlich verstirbt.

Bekommen Katzen Höhenangst?
... und 22 weitere Fragen zu Katzen,
die raus- und hoch hinausdürfen

Hängt eine Katze mehr an HAUS und HOF oder mehr am Halter?

Früher ja, heute nicht mehr. Denn Katzen leben nicht mehr nur „da draußen", sondern bei uns drinnen, im Haus und im Herzen. Und dieses Zuhause ist nicht gebunden an einen Ort. Böse Zungen meinen, Katzen würden überallhin mitgehen, solange man sie nur ordentlich füttert. Das ist nur die halbe Wahrheit, denn man muss sie auch liebevoll behandeln. Nur so entsteht diese enge Verbundenheit, die auch wir so lieben und die heute der Regelfall ist oder sein sollte.

Gibt es überhaupt noch den typischen STREUNER?

Je weiter man aufs Land kommt, desto öfter trifft man auf Streuner, die nur ihrem Revier treu sind. In Wohngebieten scharwenzelt außerdem die Sorte Katze herum, die nur ihrem Ränzlein verpflichtet zu sein scheint. Diese Wanderer zwischen den Gärten fühlen sich überall dort zugehörig, wo sie einen gefüllten Napf vorfinden. Einer der Mitbesitzer bringt sie regelmäßig zum Tierarzt, einer nimmt sie nachts bei sich auf, ein anderer ist dann tagsüber dran. Und dies sind meistens verschiedene Nachbarn, die nicht immer wissen, dass sie zu einem Cat-Sharing-Team gehören. Und wenn doch, glaubt jeder, dass es seine Katze ist, die woanders fremdgeht.

Wie zieht man mit einer FREILAUFKATZE um? Sie nimmt

es übel, umziehen zu müssen, keine Frage. Aber sie wird sich daran gewöhnen. Denn die Katze unversorgt zurückzulassen, käme einem gesetzwidrigen Aussetzen gleich, egal, wie unabhängig sie erscheinen mag. Denn wer eine Katze bei sich aufgenommen hat, sie füttert und zum Tierarzt bringt, gilt als Halter. Auch eine noch so zurückhaltende Katze hat eine Beziehung zu ihrem Menschen, und man hat es schon erlebt, dass die beiden sich durch den Umzug während der Eingewöhnungsphase im Haus erfreulich näher kamen. Je scheuer eine Katze ist und je stärker sie nach draußen drängt, desto länger sollte sie drinnen bleiben müssen. Und umgekehrt: Je schmusiger sie ist und je lieber sie im Haus bleibt, desto eher kann man die Katzentür öffnen.

Wie lange sie wirklich in Gewahrsam bleiben muss, hängt davon ab, wie gut sie sich ans neue Zuhause gewöhnt, aber unter einer Woche Beobachtungszeit sollte man es nicht wagen. Denn es dauert ein wenig, bis eine Katze sich im Haus sicher zurechtfindet. Der Umzugsstress strengt sie an. Und bis man als Katze genug geschlafen hat – das dauert.

Dürfen Katzen DRAUSSEN tun, was sie wollen? Nein, auch sie müssen sich an

die Spielregeln halten, die die Gesetze, Kommunalverordnungen und die aktuelle Rechtsprechung vorgeben. Katzen wissen das aber nicht und vergnügen sich, wie es ihnen gefällt. Sie lassen es sich einfach nur gut gehen, verschmutzen dabei Kinderspielplätze, Sandkästen und Beete, knicken Blumen und liegen ausgerechnet auf den Anzuchttöpfen empfindlicher Pflanzen. Geschickte Katzen angeln Fische aus den Gartenteichen, dringen zum Nachbarn ins

Spielplätze sind auch für Katzen verboten, nur wissen sie es nicht – und wie sollen wir es ihnen sagen?

Haus und markieren dort. Sie laufen mit Schmutzpfoten über Autodächer und kratzen die Carportpfosten an. Da haben es Menschen mit mehreren Freilaufkatzen nicht leicht. Denn irgendwann wird's dem Nachbarn zu viel. Die Justiz behilft sich bei Klagen dieser Art mit dem leicht schwammigen Begriff des „Ortsüblichen". Alles, was darüber hinausgeht, gilt als unzumutbar.

Warum **KLETTERN** Katzen **HÖHER** als ihnen geheuer ist?

Da sitzt eine Katze auf dem Baum und kommt nicht herunter, weil sie nicht herunterklettern kann. Wahr oder nicht wahr? Meistens:

nicht wahr. Denn Katzen, die da bibbernd oben hocken, fürchten nicht die Höhe, sondern das, was unten auf sie wartet. Die meisten Katzen harren deshalb so lange oben aus, bis unten die Luft rein ist. Dann klettern sie in aller Ruhe herunter.

Die Natur gibt keinem Tier die Gabe, hoch in die Bäume klettern zu können, ohne ihnen auch die Möglichkeit einzurichten, wieder herunterzukommen. Aber es gehört Übung und Erfahrung dazu, sich hoch in die Bäume zu trauen. Die fehlen einer jungen und behütet lebenden Katze noch völlig. Wenn dann plötzlich ein Hund um die Ecke kommt, macht sie diese Erfahrung schneller, als ihr lieb ist. In ihrer Panik flüchtet sie viel höher hinauf, als sie normalerweise ohne Hundebeschleunigung klettern würde. Dort oben im dünnen Geäst wird ihr dann klar: Keine Bewegung oder ich fliege! Das ist dann eine durchaus begründete Angst.

Wie kommen Katzen vom
BAUM wieder HERUNTER?

Gehen Sie weg. Sorgen Sie dafür, dass unter dem Baum weder jaulende Hunde noch weinende Kinder oder heulende Sirenen den Weg versperren. Dann wird sie die Gunst der ruhigen Stunde nutzen, um sich herunterzuhangeln. Sitzt die Mieze aber im dünnen Geäst, wo jede Bewegung ein Risiko ist, ruft man schnell die Feuerwehr oder das Technische Hilfswerk. Doch Achtung: Wer professionellen Einsatz anfordert, muss den bezahlen. Fragen Sie lieber nach den Kosten, bevor Sie eine dicke Rechnung bekommen. Eine weitere Möglichkeit ist, einen guten Kletterer zu bitten, den Baum zu erklimmen, falls es überhaupt möglich ist. Beim Alpenverein gibt es Leute mit Kletter-Erfahrung sowie entsprechender Ausrüstung. In Trekkinggeschäften bekommen Sie Steighilfen für den „Kletterselbstversuch".

Können Katzen VOGELARTEN in ihrer Existenz gefährden?

Alles von etwa Meerschweinchen-Größe abwärts ist durch eine jagdlüsterne Katze hochgradig gefährdet. Zum Glück sind diese kleinen, frei lebenden Tierarten auf dem Festland von Katzen nicht in ihrer Existenz bedroht. Die Gärten sind voll von Singvögeln und Kleinnagern. Angebot und Nachfrage regeln sich auch hier von selbst. Nach einigen Studien, zusammengefasst von B. M. Fitzgerald in „Die domestizierte Katze", bedrohen Katzen nur dann eine Population, wenn diese klein ist und auf einer Insel lebt. Setzt man dort Katzen aus, nimmt der Bestand an Vogelarten ab. Fehlen umgekehrt plötzlich die Katzen, nimmt die Zahl an Nagetieren übermäßig zu. Im Orongorongo-Tal in Neuseeland beispielsweise vermehrten sich die Ratten wie die Pest, als die Katzen verschwanden.

Kann man VOGEL-NESTER vor Katzen schützen?

Um das Hochklettern der Katze von vorneherein unmöglich zu machen, kann man eine stachelige Baum-Manschette um den Stamm legen. Erfunden wurde sie, um Vogelnester vor räubernden Katzen zu schützen. Aber sie bewahren auch Katzen vor ihrem Leichtsinn. Anders kann man einen tollpatschigen Jungspund manchmal nicht davon überzeugen, dass der Weg nach oben steil, schwierig und nur etwas für Erfahrene ist. Es gibt diese Stachelmanschetten im Zoofachhandel und Internet-Versand, Stichwort „Katzenabwehr-Gürtel". Sie sind so gebaut, dass sich die Katze nicht verletzen kann. Nistkästen montiert man so, dass Katzen auch nicht mit einem tollkühnen Sprung einen Vogel davor wegfangen können, und Nester in einer Hecke lassen sich mit einem Maschendrahtzaun vor dem Zugriff der Katzen sichern.

Bekommen Katzen
HÖHENANGST?
Man kann in eine Katze ja nicht hineinschauen, aber die Erfahrungen mit Katzen auf Bäumen zeigen, dass sie herunterklettern, wenn unten die Luft rein ist. Das würden sie bei echter Höhenangst nicht tun. Dann würde ihnen schwindelig sein und Herzrasen und Übelkeit würden sie plagen – vorausgesetzt, sie reagieren wie wir Menschen. Überdies hätte die Katze auch Furcht vor hoch gelegenen Stellen, von denen sie ganz leicht wieder herunterklettern könnte. Das Phänomen kätzischer Höhenangst könnte relativ neu sein, weil man heute die ängstlichen Baumtiger rettet. Früher holte man sie mit der Flinte und nicht mit der Feuerwehrleiter von solchen aussichtsreichen wie aussichtslosen Posten herunter. Die Frage nach der Höhenangst kam da gar nicht erst auf. Und eine eventuelle Erbanlage für Höhenangst, sofern vorhanden, konnte dieses Tier im Gegensatz zu heute dann auch nicht mehr weitervererben.

Inzwischen ist in einem Fall von Höhenangst sogar eine Desensibilisierungstherapie möglich. Man setzt die Katze dafür langsam und vorsichtig ein wenig über die Wohlfühlgrenze auf immer höhere Stellen. Ideal ist dazu ein Käfig, der verhindert, dass die Katze sich verletzt. Beim Tierarzt kann man solche Käfige ausleihen. Diese Therapie wird bei schlimmer Höhenangst vermutlich versagen. Immerhin ist diese bei Katzen nicht ganz auszuschließen, denn Schwindelfreiheit gehört heute nicht mehr zu den lebensnotwendigen Eigenschaften einer Mieze.

Darf man NACHBARKATZEN verjagen?
Wenn sie friedlich sind, ist es kein Problem, wenn die Nachbarkatzen zu Besuch kommen. Es kann allerdings sein, dass sich eine „Invasion" zum Krieg der Katzen ausweitet.

Wenn Sie dann eine Katzenklappe haben, die jedem Einlass gewährt, der hereinmöchte, sofern er klein genug dazu ist, wird die Situation schnell sehr unangenehm. Katzen, die Besuch im Garten noch so gerade dulden, werden in der Wohnung zu Furien und vertreiben den Eindringling mit wildem Gefauche und Ohrfeigen. Auf keinen Fall darf man die Nachbarkatze auch noch füttern. Diesen Mitesser wird man nicht mehr los.

Schlimmer als das wäre es, wenn eine dreiste Fremdkatze die hauseigenen verprügelt. Stärken Sie daher Ihrer Mieze den Rücken und helfen Sie ihr, den ungebetenen Gast loszuwerden. Es spricht nichts dagegen, den vierbeinigen Terroristen auch selbst mit anzufauchen oder nass zu spritzen – nur verletzen dürfen Sie ihn nicht. Wenn er sich erst einmal breitgemacht hat, hat man keine ruhige Minute mehr. Die eigenen Katzen beginnen unsauber zu werden und auch der Eindringling wird Duftspuren hinterlassen. Was tun? Man kauft eine Katzentür, die nur die erwünschten Katzen einlässt.

Wie funktioniert eine
AUTOMATISCHE
KATZENKLAPPE?
Magnetisch, elektrisch, infrarot gesteuert – technische Lösungen findet man einige, aber keine funktioniert, ohne dass die Katze ein Halsband trägt. Denn der Sender bzw. der Magnetschlüssel muss irgendwo an der Katze befestigt werden. Der Nachteil: Man kann leider nie ausschließen, dass die Katze mit dem Halsband irgendwo hängen bleibt. Sicherheitshalsbänder, die sich in einem solchen Fall öffnen, gehen allerdings viel zu leicht auf. Und dann ist der Magnetschlüssel weg und die Ersatzmagnete sind teuer. Eine elektromagnetische Katzentür funktioniert wie die magnetische Tür, benötigt aber noch eine zusätzliche Batterie. Trägt eine fremde Katze jedoch ebenso

einen normalen Magnetschlüssel am Halsband, dann öffnet sich die Katzentür auch für sie.

Dann muss man auf ein anderes System ausweichen, etwa eine Klappe mit batteriebetriebenem, kodiert-magnetischem Öffnungssystem oder einem multi-magnetischen, das ohne Zusatzbatterie funktioniert. Schließlich gibt es im Handel relativ teure Katzentüren mit Infrarotsender: Dieser öffnet die Klappe bereits aus 20 bis 25 cm Entfernung, wobei die Öffnungsdauer programmierbar ist. Andere Katzen bleiben draußen, aber man braucht dazu natürlich Batterien.

Laufen Katzen nach einem UMZUG zurück ins frühere Zuhause?

Wer nur ein paar Straßen weit weg zieht, muss damit rechnen, dass eine sehr naturverbundene Draußen-Katze aus alter Gewohnheit zurückläuft, ihr Revier wieder in Besitz nimmt, sich in der Nähe des alten Zuhauses auf-

Im Umkreis von fünf Kilometern finden Katzen noch leicht ins alte Zuhause zurück.

hält und keine Ahnung hat, wo ihre Menschen abgeblieben sind. Heute sind solche Berichte seltener geworden. Dabei fällt auf, dass die Heimläufer verschiedene Strategien anwenden. Die einen rennen „schnurrstracks" zurück, kaum dass man ihnen den Katzenkorb öffnet, und wiederholen das immer wieder. Andere bleiben zunächst einige Zeit am neuen Ort. Drei Wochen scheint eine magische Zeitspanne zu sein, bis sie das Heimweh übermannt. Wird ein Ausreißer von den Leuten, die inzwischen sein altes Zuhause bewohnen, mit offenen Armen empfangen, hat der eigentliche Halter schlechte Karten. Die Neuen machen ihm das Heimkehren angenehm und mehr will eine solche Katze gar nicht. Das Beste wäre, sie auf der Stelle zurück zum Halter zu befördern. Das Schlechteste ist leider auch einzukalkulieren: Da steht das Tier vor verschlossener Tür und streunt dann orientierungslos am alten Wohnort herum. Gut, wenn es tätowiert oder mit Mikrochip gekennzeichnet ist.

Überwinden Katzen jede Art von GARTENZAUN?

Katzen klettern lieber über ein Hindernis, als darüberzuspringen. Das heißt: Sie klettern oder springen hoch, machen dort einen Zwischenstopp und hüpfen dann in den Nachbargarten, wenn die Höhe es halbwegs zulässt. Ein normaler Gartenzaun bremst noch keine Katze, die zum Nachbarn will, auch wenn sie dort weder etwas verloren, noch etwas zu suchen hat. Von Nachbar-Leid geprüfte Katzenhalter erfanden daher den katzensicheren Zaun, eine hohe Einfriedung, die oben um 30° nach innen abgewinkelt ist. Diese Konstruktion genügt, um die meisten Katzen daran zu hindern, zum Nachbarn hinüberzuklettern. Es gibt einige Bauanleitungen dafür und auch Firmen, die sich darauf spezialisiert haben.

Hält ein KATZENSICHERER ZAUN auch fremde Katzen vom Grundstück fern?

Viele dieser Einfriedungen werden so gebaut, dass die eigenen Katzen nicht nach draußen springen können. Ans „Jenseits" denkt man dabei nicht. Und dann kommen die von drüben hereingeklettert und können nicht wieder heraus. Um Fremdkatzen auszusperren, ist ein Schwachstrom führender Weidedraht ganz oben die beste Lösung. Es gibt einige Systeme für katzensichere Zäune: mit Weidedraht, oben abgewinkelt oder mit von oben baumelnden Schnüren, die einer Katze keinen Halt geben. Natürlich darf auf keiner Seite des Zaunes ein Baum stehen, von dem es nur ein Katzensprung in den Nachbargarten ist. Auch andere „Sprungbretter" über den Zaun, z.B. Garagendach oder Zimmerfenster, muss man berücksichtigen.

Ist ein WEIDEZAUN Quälerei für Katzen?

Gemeinden mit einer gut funktionierenden Bürokratie schreiben sogar die Höhe des Gartenzauns vor, und manchmal auch noch, wie dieser aussehen muss. Nur dann, wenn die Katze ein wahrer Ausbruchskünstler ist, wenn von der Verwaltung keine hohen Zäune erlaubt sind oder eine Barriere kaum zu installieren ist, sollte man auf den Elektrozaun zurückgreifen. Der ist zwar relativ niedrig, muss aber dennoch so gezogen werden, dass die Katze nicht von irgendeinem anderen Platz darüberspringen kann. Katzen meiden Weidezäune genauso wie Kühe es tun, und es ist kaum anzunehmen, dass eine Mieze sich daran täglich wieder neu versucht. Es ist sogar möglich, dass sie den Strom instinktiv mit den Barthaaren spürt und meidet. Spätestens beim ersten Kontakt weiß sie, dass sie ihre Pfoten von dort besser weglässt. Aber gefährlich ist es nicht: In den Drähten fließt nur ganz schwacher Strom.

Wissen Freilaufkatzen von selbst, was GIFTIG ist?

Katzen sind Fleischfresser und haben keinen Appetit auf Pflanzen, die dort wachsen, wo Mäuse herumlaufen. Sie betrachten eine Staude oder die Wiese nicht als essbar, sondern eher als Behausung für ein Leckerchen. So gut wie eine Maus kann ein giftiger Büschel Hahnenfuß niemals schmecken. „Warum vergiften sich dann die Wohnungskatzen so häufig an Grünpflanzen?", könnte man nachfragen. Die Antwort ist ganz einfach: Sie fressen sie nicht aus Hunger, sondern sie spielen erst einmal nur damit und werden dadurch auf die Grünpflanzen als anknabberbares Utensil überhaupt erst aufmerksam. In der Natur fressen Katzen in der Regel nur Gras, aber das kommt dann wieder hervor – gemeinsam mit verschlucktem Haar oder auch einfach nur so. Warum Katzen das Gras auch dann knabbern, wenn es im Moment gar nicht dabei helfen soll, etwas Unverdauliches auszuwürgen, ist nicht ganz klar.

Dass sie auf diese Weise Vitamine zu sich nehmen wollen, ist eher zu gesund gedacht. Die Futtermittelindustrie mischt zwar in die Dosen manches Pflanzliche wie Karotten und Reis, jedoch nicht primär als Vitaminlieferant, sondern vor allem als Ballaststoff. Sie könnten genauso gut Knochen nehmen, also die Art von Ballaststoff, die in der Maus vorhanden ist. Aber würde ein Katzenhalter ein solches Futter noch kaufen?

Braucht man für Freilaufkatzen ein KATZENKLO im Haus?

Ja, denn es gibt immer wieder Tage, an denen die Katze nicht rausdarf, aber drinnen doch irgendwo für geschäftliche Interessen eine Anlaufstelle finden muss. Ganz ohne katzen-sanitäres Zubehör geht es allein deshalb nicht, weil ein krankes Tier nicht nach draußen darf.

Man kann ja nie wissen. Deshalb muss man aber keine riesige Luxus-Toilette aufstellen. Für den Klofall reicht vielmehr eine kleine mit Einstreu gefüllte Schale von der absoluten Mindestgröße eines DIN-A4-Blattes. Als Reise-Katzentoiletten oder Ausrüstung für einen Show-Käfig sind so kleine Schalen im Handel erhältlich. Im Gartenfachmarkt gibt es ähnliche Plastik-Schalen dort, wo man Anzuchtgewächshäuser kaufen kann.

Wie viel Katze muss der NACHBAR aushalten?

In reinen Wohngebieten müssen Katzen so untergebracht sein, dass der Nachbar nicht mehr als ortsüblich gestört wird, egal durch was: Duftwolken der Katzen dürfen nicht dauernd zum Nachbarn hinüberdringen. Die Katzen selbst dürfen dies schon, jedoch nicht alle auf einmal, sondern mal die eine Katze, mal die andere. Mehr als zwei fremde gleichzeitig muss der Nachbar nicht auf seinem Grundstück hinnehmen, auch wenn keine unzumutbaren Schäden entstehen. Nach verschiedenen Urteilen sind von ihm Scharrspuren im Beet, ein paar Pfotentapper auf der Terrasse sowie eine tote Maus vor der Eingangstür zu dulden. Aber alles hat seine Grenzen, so auch das, was man als Nachbar ertragen muss. Wie viel zu viel ist, entscheiden Richter nach dem, was ortsüblich ist. Zur Not wird sogar ein Gutachter dafür herangezogen.

Darf der VERMIETER verbieten, Katzen hinauszulassen?

Wer zur Miete wohnt, muss mit dem Vermieter klären, ob die Katze hinausdarf und wenn ja, wann (nur tags, nur nachts, immer?) und wie (über eine Katzenklappe, ein Fenster, ein spezielles

Außentreppchen?). Es kann auch sein, dass der Vermieter die Erlaubnis zur Katzenhaltung von vorneherein von einem Freilaufverbot abhängig macht. Vor allem in größeren Wohnblocks dient dies dazu, nachbarschaftlichen Ärger zu vermeiden. Die meisten Urteile dazu besagen, dass das Halten einer ortsüblichen Zahl reiner Wohnungskatzen, also eine oder zwei, nicht verboten werden kann, Freilauf dagegen unter bestimmten Voraussetzungen schon. Die Justiz hat es zwar für artgerecht erkannt, dass Katzen stromern dürfen, weil man sie nur schwer im eigenen Garten halten kann. Die gerichtliche Erlaubnis hört jedoch dort auf, wo das Herumlaufen von Katzen erhebliche Störungen hervorruft, zum Beispiel in größeren Wohnanlagen oder in der Nähe von Spielplätzen. Das Recht der Katzen hat also bereits seine Grenzen, so wie das anderer Heimtiere auch.

Kann man eine Freilaufkatze ans reine WOHNUNGSLEBEN gewöhnen?

Das wird schwierig, aber nichts ist unmöglich. Ein wenig Fingerspitzengefühl gehört dazu, um zu merken, wann es besser ist, die Katze zu trösten, abzulenken, zu schimpfen oder zu ignorieren. Denn eines ist gewiss: Sie wird ein rechtes Spektakel veranstalten, wenn ihr der lieb gewonnene Freilauf genommen wird. Aber sie gewöhnt sich mit der Zeit daran. Je intensiver die Beziehung zu ihrem Halter ist, desto eher ist sie bereit, die Freiheit aufzugeben.

Mit interessantem Spielzeug, einem Frischluftplatz auf dem gesicherten Balkon, viel Zuwendung und den Bach-Blüten-Notfalltropfen, vielleicht auch der Pheromon-Therapie kann sie sich in ihr Schicksal fügen, noch bevor die Familie gemeinsam die Nerven verliert. Geduld wird man aber immer brauchen.

„Da lang!"

Darf man für eine Katze
BREMSEN? Kleine Tiere gehörten bislang nicht

zu den Verkehrsteilnehmern, für die man bremsen darf oder gar
sollte. Aber neue Urteile berücksichtigen neben der Größe des Tieres auch die Verkehrssituation. Und so sind Katzen innerorts nicht
mehr zu klein, um für sie zu bremsen, und zwar deshalb, weil man
in Wohngebieten jederzeit damit rechnen muss, dass ein Kind auf
die Fahrbahn läuft, und das bedeutet vorsichtiges Fahren und stän-
dige Bremsbereitschaft. Deshalb gab es schon Urteile, in denen
dem auffahrenden Fahrzeuglenker die volle Schuld am entstande-
nen Schaden angelastet wurde.

Außerhalb der Ortschaften kann man sich weiterhin an den
Grundsatz halten: Wer auf der Landstraße, Schnellstraße oder gar
auf der Autobahn für ein kleines Tier (Katze, Hase, Igel, Marder)
bremst und dadurch einen Unfall provoziert, ist nicht nur an den

Folgen schuld, sondern kann sogar wegen gefährlicher Körperverletzung oder – noch schlimmer – wegen fahrlässiger Tötung gerichtlich belangt werden. Immer wenn durch eine solche Bremsaktion Menschenleben ernsthaft in Gefahr kommen, muss der Schutz des Tieres zurückstehen.

Sind Katzen außerhalb der Ortschaft frei zum ABSCHUSS?

Die Landesjagdgesetze öffnen den Jägern alle Türen, um legal eine Katze abzuschießen, wobei die Schutzzonen (200 bis 500 Meter zum nächsten Haus) nur eine trügerische Sicherheit bieten. Innerhalb dieser Schutzzone darf eine Katze getötet werden, „wenn sie entweder bereits Wild bedroht und die Tötung zur Rettung des Wildes erforderlich und geboten ist (Notstand), oder wenn sie herrenlos (verwildert) ist", so ein Landesjagdgesetz.

Ein Jäger kann aber vom Hochsitz aus gar nicht entscheiden, ob eine Katze, die in einiger Entfernung im Gras sitzt, herrenlos ist. So leben Katzen sogar auf dem Land gefährlich. Da Jäger das Fell der Katzen ganz legal verkaufen dürfen, ist ab dem Herbst besondere Vorsicht geboten, denn dann „wird das Fell erst richtig gut, hält seine Qualität bis Ende April", weiß das Jäger-Buch „Fang Jagd 2000". Und wer es nicht weiß: Die kleinen Fellbesätze an Kapuzen, Ärmeln und Krägen sind häufig Katzenfell. Natürlich steht es nicht dabei. Auf den Schildern liest man nur „echtes Fell" oder ein Phantasietier, meistens als irgendeine unbekannte Kaninchen-Art oder Wolf deklariert.

Darf man eine tote Katze im Garten BEGRABEN?

Viele Katzenhalter möchten ihr totes Tier nicht in eine Tierkörperbeseitigungsanlage bringen, weil ihnen die Vorstellung schrecklich ist, dass ihr Liebling dort zu Schmierseife oder sonstigem verarbeitet wird. Normalerweise muss man sein Tier nicht selbst zum Abdecker bringen, sondern der Tierarzt gibt es weiter. Wer das nicht möchte, darf seine Katze im eigenen Garten begraben, sofern das Grundstück nicht in einem Wasserschutzgebiet liegt. Zusätzlich gilt, dass ein totes Tier mit einer mindestens 50 cm starken Erdschicht bedeckt werden muss. Wenn man aber keinen eigenen Garten hat, dann gibt es immer noch die Möglichkeit, das Tier einäschern zu lassen oder ein Grab auf einem Tierfriedhof zu kaufen. Eine geeignete Adresse in erreichbarer Nähe zu finden ist übers Internet nicht schwer.

Gut Freund mit einer Maus?

*... und 17 weitere wenig zimperliche Fragen
über ihren Umgang mit anderen Tieren*

Warum halten Katzen HUNDE für DOOF?

Sitz, Fuß, Platz. Was soll man nur zu einem Tier sagen, das sich willfährig herumkommandieren lässt? Das viel zu viel Aufhebens macht, wenn der Mensch nach Hause kommt, schmutzig an ihm hochspringt, sich am Boden wälzt, jault und japst? Den Hund an sich trifft der Bannstrahl der kätzischen Verachtung, weil er angepasst und unterwürfig ist, Katzen jagt und sogar totbeißt. Erbärmlich und gefährlich zugleich. Seine Körpersprache ist für Katzen in vieler Hinsicht verbesserungsfähig: Wenn der Schwanz hin- und herpeitscht, sollte man verärgert und nicht

erfreut sein! Auf den Rücken wirft man sich nicht zum Kraulen, sondern zum Vergraulen – in keiner anderen Position ist eine Katze so wehrhaft wie auf dem Rücken, wenn sie mit allen vier Pfoten zuhauen und gleichzeitig beißen kann. Und wenn man sich schon kraulen lässt, dann grunzt man nicht, sondern schnurrt. Das heißt nicht, dass sich so manche Katze kaum anders als ein Hund verhält, aber das ist etwas anderes. Sie macht das freiwillig. Der Hund kann nicht anders.

Warum benehmen sich HUND und KATZ' nicht immer wie Hund und Katz'?

Wer mit im Rudel lebt, ist für einen Hund keine jagdbare Beute, von Ausnahmen abgesehen, bei denen sich der Hund dies kurzfristig anders überlegt. Erkennt er prinzipiell den Menschen als Familienoberhaupt bzw. Alphatier an, nimmt er auch eine Katze hin, egal, was die von ihm halten mag. Aber auch sie macht zuhause eine Ausnahme. Von der „offiziellen", vernichtenden Meinung der Katzen über Hunde im Allgemeinen sind – und das trifft sich gut – häufig die Exemplare ausgenommen, mit denen eine Katze die Wohnung teilt und somit persönlich näher bekannt ist. Der Hund im eigenen Hause ist irgendwie anders, nicht schmutzig, sondern warm und weich zum Kuscheln. Er ist fast immer da, wenn die Menschen weg sind. Ganz nett eigentlich. Aber das ist ein Geheimnis.

Weiß eine Katze, dass sie einem Hund UNTERLEGEN ist?

Natürlich weiß sie's, wenn es ein größerer Hund ist. Anders bei einem Kleinhund. Der hat ja selbst seine Zweifel, ob er einer Katze gewachsen ist. Katzen mit ihrer stolzen und unabhängigen Wesensart wirken auf einen Hund häufig sehr dominant, aber zum Glück kuschen viele Hunde brav und das erleichtert das Zusammenleben der beiden, vor allem, wenn die Katze zuerst da war. War der Hund Nummer eins, ist eher er der Boss und das, ohne dass die Katze sich wirklich unterwirft. Viele Hunde lassen sich von Katzen zwar gutmütig auf der Nase herumtanzen, würden jedoch niemals dulden, dass diese ihnen zum Beispiel Futter klaut. Bei einem unterwürfigen Hund hat die Katze dabei leichtes Spiel. Für dominante Hunde ist eine Familienkatze das kleinste und schwächste Rudelmitglied. Ein schmusiges wird beschützt und vielleicht sogar bemuttert, eine Zicke dagegen einfach links liegen gelassen, wie das in Familien so ist.

Alte Katze, JUNGER HUND – geht's da rund?

Das ist gerade so, als ob man eine 80-jährige Oma, die nie mit Kindern zu tun hatte, einen hyperaktiven Dreijährigen beaufsichtigen ließe. Nach einer halben Stunde wäre die Oma fertig mit den Nerven. Und so geht es auch der alten Katze, wenn ein Junghund-Spund in ihr Leben tritt bzw. poltert und kracht. Sie fühlt sich nicht nur übergangen, sondern regelrecht überrannt, zurückgesetzt, zum alten Eisen degradiert, ungeliebt und vernachlässigt.

Mag oder kennt eine Katze Hunde, wird sie einen Welpen in ihrem Sinne erziehen. Kennt sie Hunde noch nicht, ist eine Prognose schwierig: Sie kann ihn sehen als Monster, als Kumpel, als sabberndes Mobiliar oder als das Überflüssigste auf der Welt. Und stirbt dann die Katze, hat der Hund inzwischen gelernt, dass Katzen mit Vorsicht zu genießen sind, sogar ohne dass hund ihnen auch nur ein Haar krümmt. Wenn trotzdem sofort ein Hund in den Katzen-

haushalt kommen soll, lässt sich besser ein schon ruhiger, katzen-
freundlicher Tierheimsenior dazugesellen. Oder man wartet mit
Jungtieren überhaupt ab, bis die Alttiere nicht mehr leben. Dann
sucht man sich einen Welpen und ein Kätzchen gleichzeitig aus.
Wenn sie zusammen aufwachsen, ist das wie ein dauerhafter Frie-
densvertrag – besser geht's nicht.

KATZE und PAPAGEI:
Wer zieht da den Kürzeren? Papageien und

Katzen haben eines gemeinsam: Sie können so tun, als ob sie
schlafen und sind doch hellwach und auf der Hut. Sonst aber sind
Papageien für Katzen Wesen vom andern Stern mit einem frechen
und wehrhaften, gefährlichen Schnabel, der
sie das Fürchten lehrt. Papageien, vor
allem die Großpapageien, wissen
über ihre Stärke und nehmen Katzen nicht wirklich ernst. Es gibt
sogar Exemplare, die sich über
Katzen lustig machen. Etwa
der Graupapagei, der sich in
der Küche unter der Spüle in
der Nähe des Futternapfes
versteckte und in der Stimme
der Hausfrau „miez miez
miez" rief, worauf die Katze regelmäßig angeflitzt
kam. Dann sprang er
hervor, zwickte sie und
flog feixend auf seine
Stange.

Kann man STUBENVÖGEL und Katzen gemeinsam halten?

Es hat schon etwas Tragisches an sich, wenn die Katze mit dem Wellensittich, Kanarienvogel oder Zebrafinken im Maul aus dem Wohnzimmer kommt, und sie diesen Blick drauf hat, der sagt: „Guckt mal, ich hab den lästigen Störenfried jetzt endlich für Euch erledigt." Sogar etwas sehr Tragisches, wenn sich darüber dann die Kinder die Augen ausweinen.

So gilt es, zwei Dinge zu beachten. Erstens: Beim Freiflug Katze raus, Tür zu. Stubentiger, die so tun, als interessiere sie der Flieger im Zimmer nicht, warten nur auf ihre Chance. Ausnahmen gibt es zwar, aber man kann nie wissen, ob der Jagdtrieb nicht urplötzlich geweckt wird und dann gehört der Vogel der Katz'. Und der zweite wichtige Punkt: Die Vögel sollten stabile, einbruchssichere Käfige bewohnen, die so stehen, dass eine Katze sie mit ihren Krallen nicht herunterreißen oder -kippen kann. Weibchen sind gefährlichere Vogelfänger als die Kater, wie eine Umfrage ergab. Im Übrigen haben rund 13 Prozent der Katzenhalter einen Vogel. Aber nur einen kleinen. Denn weitere 3,5 Prozent halten einen Papagei.

Lassen Katzen MEERSCHWEINCHEN und Kaninchen in Ruhe?

In jedem zehnten Katzenhaushalt lebt ein Kaninchen. Etwas weniger häufig sind im Vergleich dazu Meerschweinchen, obwohl sich eine Katze besser mit ihnen anfreundet als mit Kaninchen, wobei die Jungtiere oder kleinwüchsigen Exemplare dieser Arten grundsätzlich in die Kategorie „Beute" fallen. Die Jungtiere darf man mit Katzen nicht unbeaufsichtigt zusammenlassen. Am besten gibt man dem Jäger gar nicht erst die Gelegenheit zum Zuschlagen. Mit Kaninchen ver-

tragen sich Katzen oft ganz gut, jedoch meist nur im Sinne von gegenseitiger Ignoranz. Manche Katzen fürchten sogar das Kaninchen. Wenn ein großer Rammler sie mit seinen Glupschaugen so unverwandt anglotzt, dann plötzlich mit den Hinterbeinen trommelt und hektisch davonspringt, bekommt es eine Katze mit der Angst zu tun.

Mit welchem Tier KUSCHELT eine Katze am liebsten?

Eigentlich ist die Frage falsch, denn man müsste fragen: Welches Tier ist überhaupt bereit, mit einer Katze zu kuscheln? Nicht einmal sie selbst kuscheln miteinander, es sei denn, sie kennen sich von Babybeinchen an und haben im Grunde ihr katzenkindliches Verhalten nie abgelegt. Warum auch? Ihr Halter hat die Rolle der liebevollen, fürsorglichen und ernährenden Mutter übernommen mit dem Unterschied, dass er erwachsene Katzen immer noch so behandelt, als wären sie erst acht Wochen alt. Eine Katzenfamilie zerfällt ansonsten ziemlich schnell. Drei Monate nach der Geburt kann man die Jungen in alle Himmelsrichtungen verteilen, sie werden dem Clan schon bald keine Träne mehr nachweinen. Bleiben sie aber zusammen, verlängern sie ihre Kindheit und schmusen gern miteinander. Haben sie sich erst einmal ans Singledasein gewöhnt, werden sie sich bekriegen statt lieben. Fürs Lieben gibt es ja uns Menschen, manchmal auch einen Hund und selten ein Kaninchen.

Gut Freund mit einer MAUS?

Nach Untersuchungen in Shanghai sind Katzen gar nicht geeignet, die Mäuse in Schach zu halten. 22,6 Prozent der Katzenhaushalte klagten über Mäuse, aber nur 13,9 Prozent der Haushalte ohne Katzen. Der erkennbare Unterschied schien lediglich darin zu bestehen, dass Mäuse in Katzenhäusern klüger und vorsichtiger sind und sich seltener sehen lassen. Diese Meldung ging vor einigen Jahren als kleine Randnotiz durch die Presse, ohne dass dies das Bild von der Katze als idealen Mäusefänger irgendwie oder gar nachhaltig hätte erschüttern können. Eher denkt man, dass die chinesischen Katzen entweder besonders faul oder besonders mäusefreundlich sind. Hierzulande fangen Katzen unverdrossen die Mäuse, sie bringen sie in jedem Zustand, tot, lebendig sowie in allen Formen dazwischen ins Haus. Und jedes Experiment, eine Maus, einen Hamster, eine Rennmaus etc. an eine Katze zu gewöhnen, ist möglicherweise das Ende des Nagetiers. Nur sehr, sehr junge Kätzchen, die mit der Flasche aufgezogen wurden, die nie nach draußen dürfen und ganz klein schon mit der Maus zusammen waren, sehen eine Maus als Freund. Aber nur solange sie nicht vor ihnen davonflitzen. Denn das Jagen kleiner Tiere ist ein Ur-Instinkt, der plötzlich durch einen Schlüsselreiz geweckt wird. Und eine fliehende Maus ist genau ein solcher Reiz.

Warum JAGEN Katzen, obwohl sie satt sind?

Der Jagdeifer ist ein düsteres Kapitel unserer sonst von Zuneigung und Zärtlichkeit erfüllten Beziehungsgeschichte zur Katze. Eine Erklärung, warum Katzen Mäuse fangen, obwohl wir sie reichlich füttern, bietet nur die Erkenntnis, dass ihnen das Jagen Spaß macht. Mit menschlichen Moralvorstellungen kann man einer Katze hier nicht gerecht werden. Sie geht ihren Trieben nach. Jagdtrieb, Spieltrieb und Hunger wirken ineinander. Hat sie eine Maus erwischt, ohne Hunger zu haben, besteht für sie auch keine Notwendigkeit, das Tier zu töten. Denn totbeißen bedeutet auch bereitmachen zum Fressen. Verspeist die Katze die Maus nicht selbst, bringt sie sie manchmal jemand anderem als Geschenk. Oder sie verliert aus unerklärlichen Gründen die Lust an ihr, rennt zum Futternapf, um sich voll zu fressen. Nicht, dass die Maus darüber unglücklich wäre ...

Warum SPIELT sie so GRAUSAM mit der Maus?

Katz-und-Maus-Szenen mit ansehen zu müssen, tut einem echten Tierfreund in der Seele weh. Den Sinn davon zu ergründen fällt nicht leicht. Es sieht aus, als ob die Katzen in grauer Vorzeit mit den Mäusen einen Vertrag geschlossen hätten, jede zwanzigste erwischte Maus wieder laufen zu lassen, und könnten sich nicht so recht entscheiden, diesen Vertrag auch einzuhalten. Selbst für den Forscher bleibt die Erklärung ein Gutteil spekulativ. Prof. Paul Ley-

hausen, der dieses Verhalten auch bei Wildkatzen beobachtete, versuchte es zu klassifizieren: 1. Kein Hunger. 2. Angst vor einer unbekannten oder zu großen Beute (Ratte). 3. Eine zu kleine und ernährungstechnisch uninteressante Beute (Käfer). Der Spieltrieb geht bei Katzen nie ganz verloren, hört also nicht wie bei vielen Tierarten nach der Kindheit von selbst auf. Leben Katzen nur in der Wohnung, massakrieren sie Spielmäuse und wir finden es lustig, ihnen dabei zuzusehen. Freilaufkatzen machen es nicht anders, mit einem Unterschied: Was da vor unseren Augen gekrallt, gejagt, gebissen, gerupft und filetiert wird, hat gerade noch gelebt. Für uns hört da der Spaß auf. Für die Mieze fängt er hier erst richtig an. Und wir erkennen in aller Scheußlichkeit, dass sie ein Raubtier ist, das nicht gerade zimperlich mit seiner Beute umgeht.

Warum legen sie uns ihre MÄUSE vor die Füße?

Frühstück im Bett ist eine nette Idee, nur nicht dann, wenn eine Katze sie hat. Das ist nicht jedermanns Geschmack, sonntagmorgens mit den

Zehen etwas kleines Weiches unter der Bettdecke zu ertasten, hin- und herzurollen, um zu erfühlen, was es ist, um schließlich mit dem großen Zeh eine tote Maus aus dem Bett zu kicken. Und dabei muss man noch froh sein, wenn das die Ausnahme ist. Das Guinness-Katzenrekordebuch berichtet von Towser-Supermauser, einer Kätzin, die täglich zwei bis drei Mäuse anschleppte und in ihrem Leben mehr als 25 000 Kleinnager killte. Den meisten Katzenfreunden ist eine Maus pro Woche schon zu viel. Normalerweise liegen die unfreiwilligen Gäste nicht im Bett, sondern gut sichtbar unter dem Esstisch, vor der Haustür, im Treppenhaus oder auf der Terrasse – in der Nähe die liebe Katze maunzend oder erwartungsvoll zusehend, was man mit der Beute tut.

Sind Mäuse GESCHENKE oder Übungsobjekte?
Bedeuten sie Geschenke oder Übungsobjekte für uns Menschen, die wir ja eher lausige Mauser sind? Vermutlich beides und der so gerne gegebene Rat, die Katze tüchtig dafür zu loben, kann sie dazu anstacheln, ihre Bemühungen zu verdoppeln. Das Anschleppen von Beute ganz zu verhindern geht nur, wenn man die Miezen entweder in der Wohnung hält oder sie beim Eintritt ins Haus auf Mitbringsel kontrolliert und ihr mit Verärgerung klarmacht, dass solche Geschenke keine gute Idee sind. Mit einer stets offenen Katzenklappe sind diese Bemühungen vergeblich. Und Katzenklappen mit Mausdetektor gibt es leider nicht.

Kann man ihr das MÄUSE-FANGEN abgewöhnen?
Man kann Katzen nicht so leicht wie Hunde am Jagen hindern. Diese sind ähnlich scharf auf Beute, nur kann man sie im Garten einsperren,

draußen anleinen und sogar bis zu einem gewissen Grad erziehen. Wenn kleine weiße Terrier eifrig hinter Wühlmäusen hergraben und als kleine braune Terrier zufrieden wieder zum Vorschein kommen, ist das nur eine andere Art zu jagen. Fleischfresser sind aufs Töten programmiert, da darf man sich nichts vormachen. Um die Katze daran zu hindern, müsste man sie ganz in der Wohnung halten.

Manche Katzen bringen mehr Mäuse herein als hinaus.

Erziehen zum Jagdverzicht ist kaum möglich. Sie haben sich zwar schon in vieler Hinsicht uns Menschen angepasst, sogar entgegen ihrem natürlichem Verhalten, z.B. wenn sie freundlicherweise nachts durchschlafen oder uns wenigstens nicht vor dem Wecker weckcn. Aber das Jagen ist kein Verhalten, das eine Katze uns zuliebe so leicht ändern könnte. Der Trieb ist besonders stark, weil er einst das Überleben sicherte. Wenn eine Katze wirklich Hunger hat, ist ihre Jagd wie die anderer Beutegreifer auch: Zack, Pack, Knack – mausetot, innerhalb von Sekunden.

Warum fressen sie keine SPITZMÄUSE?

Nun sind Katzen ja bekanntermaßen spitz auf Mäuse. Aber ausgerechnet Spitzmäuse mögen sie nicht. Die Erklärung ist ganz einfach: Weil Spitzmäuse rechte „Stinktiere" sind. Sie lassen eine nach Moschus riechende Wolke ab, bei der den Katzen so vollkommen der Appetit vergeht, dass sie das Tier angewidert liegen lassen. Leider, für die Spitzmaus, zieht die Duftwolke etwas zu spät in die Nase ihres Jägers. Denn erst, wenn sie das berüsselte Mäusetier gefangen und getötet hat, merkt eine Katze, dass hier etwas faul ist und ebenso riecht.

In der Gewissheit, dass sie diese Maus gerade erst gefangen hat, trägt die noch unerfahrene Jungkatze ihre Beute ins Haus und legt sie ihrem Menschen protestierend vor die Füße. Es hört sich an wie „Wasch sie ab!" oder „Willst Du sie?". Diesem Spitzmäuse-Individuum hat der Trick, sich ungenießbar machen zu können, nichts genützt, weil Katzen eben nicht länger darüber nachdenken, was das sein mag, das klein und grau über den Boden flitzt. Beim nächsten Mal guckt sie jedoch genauer hin und lässt die Pfoten vom kleinen Stinker.

Dass Spitzmäuse so andersartig sind, liegt daran, dass sie tatsächlich keine Mäuse sind. Sie sind zwar auch mit den Stinktieren nicht verwandt, gehören dafür aber mit dem Maulwurf und dem Igel zu den Insektenfressern. Und diese beiden werden von Katzen ebenfalls nur mit spitzer Kralle angefasst.

Was macht man mit einer MAUS?

Rechtslage und Wirklichkeit sind in dieser Frage so weit voneinander entfernt, dass eine befriedigende Antwort nicht zu finden ist. Denn das Tierschutzgesetz verlangt, dass ein Wirbeltier nur vom Fachmann, also dem Tierarzt, zu töten ist, damit es keine Schmerzen erleidet. Und damit wird die Frage zu einem echten Problem. So bleibt aus rechtlicher Sicht nur der Gang zum Tierarzt. Das Einschläfern kostet dann rund zehn Euro, und das vor allem deshalb, weil der Tierarzt die Maus laut Bestimmungen in die Tierkörperbeseitigung geben und dafür bezahlen muss. In die normale Mülltonne darf eine Maus nicht geworfen werden (auch nicht in den Bio-Müll!), denn das verbietet wiederum das Abfallbeseitigungsgesetz. Tote Tiere darf man unter einer 50 Zentimeter dicken Erdschicht begraben, aber so ein großes Loch für eine kleine Maus?

Wie viel einfacher wäre es da, die Katze würde die Maus totbeißen und auffressen! Aber das Problem ist ja, dass sie es nicht tut. Und nicht einmal ein Tierarzt rechnet damit, dass man täglich mit einer neuen halbtoten Maus zu ihm kommt. Hier an dieser Stelle darf man eigentlich keinen anderen Rat geben, als das halbtote Tier einschläfern zu lassen oder es in den Garten hinauszusetzen. Für eine Maus, die äußerlich unversehrt oder nur leicht verletzt erscheint, ist das auch die einzig richtige Lösung. Wenn die Maus ersichtlich keine Überlebens-Chancen mehr hat, wäre es aus tierschützerischer Sicht eigentlich besser, man würde mit der Schaufel einmal kurz ... Aber das darf man ja nicht empfehlen.

Können Wohnungskatzen überhaupt noch MÄUSE FANGEN?

Sie kriegen eine Maus schon, nur hat es einen Haken: Sie wissen nichts mit ihr anzufangen. Die Natur hat Katzen nämlich so angelegt, dass sie

instinktiv Beute jagen und fangen, das Töten und so mancherlei
Tricks des Beutefangs aber von der Mutter lernen. So sind die Katzen, die die hohe Schule des Mausefangs von Mama lernen konnten,
darin wesentlich geschickter als eine Zuchtkatze, der zufällig einmal
eine Maus über den Weg läuft, oder eine, die mit der Hand großge-
zogen wurde. Diese packen sofort zu, wenn eine Maus vorbeiflitzt.
Aber dann sitzt die Heldin da und weiß nicht so recht, was sie mit
dem Nagetier im Maul anfangen soll.

Dürfen Katzen ARTENGESCHÜTZTE TIERE fressen?

Vor etwa 20 bis 30 Jahren gab es
in Gemeindeverordnungen noch eine offizielle Ausgangssperre für
Katzen zum Schutz brütender Vögel im Frühjahr. Wer Katzen
kennt, weiß, dass das schier unmöglich ist, besonders im Frühling,
wo sie absolut nichts mehr vom Hinausstürmen in die Natur ab-
halten kann, schon gar keine Gemeindeverordnung, gemacht von
Bürokraten, die allenfalls einen Vogel, aber keine Katze haben.
Solange keine Art wirklich bedroht ist, dürfen Katzen also raus und
somit muss man sich um die Beutetiere, die eine Katze fangen
könnte, keine Gedanken machen, es sei denn, es ergäbe sich eine
besondere Situation mit einem ungewöhnlichen Tier auf dem
Grundstück. Dass man artengeschützte Tiere nicht töten, besitzen,
gefangen nehmen oder transportieren darf, hält eine Katze nicht
davon ab, eines zu fressen.

Wie bringt man Bewegung in eine faule Katze?

... und 19 weitere Fragen zu Freizeitvergnügen und Wellness für Katzen

Ist ein LEINENSPAZIERGANG unter der Würde einer Katze?

„Hat's Geld nicht für einen richtigen Hund gereicht?" Katzenhalter hören so manches, wenn sie mit angeleinter Mieze angetroffen werden. Selbstbewusst ignoriert der Spazierführer das und gönnt seiner Katze das Schnuppervergnügen irgendwo im Gebüsch, während ihm der Rücken vom langen Stehen schmerzt und in ihm sowohl Langeweile als auch Kälte hochkriechen. So nimmt der noch immer selbstbewusste Katzenfreund ein Klappstühlchen und ein Buch zum Lesen auf den Spazier-„Gang" mit.

Schon ältere Katzen kann man nicht immer für die Leine begeistern. Die Jungen, die nach draußen drängen, sind dagegen ganz glücklich damit und wollen tägliche Wiederholung. Das Leinentraining klappt nur mit Geduld. Steckt die Katze endlich im Geschirr, eingehakt an der Leine, flanieren Sie gemeinsam durch die Wohnung, bis der Verweigerer eines Tages beschließt, die eigenen Füße zu benutzen und sich nicht mehr hinterherziehen zu lassen. Nach draußen geht es zum ersten Mal, wo und wenn sicher niemand des Wegs kommen kann. Und wählen Sie immer eine hundefreie Zone für Ihre Ausflüge. Zur Sicherheit kann man eine Katzentragetasche mitnehmen.

Eine Leine hat auch ein paar praktische Aspekte, die man nicht vergessen sollte.

Wie bringt man **BEWEGUNG** in eine faule Katze?

Wie bewegt man eine faule Katze? Am besten sehr behutsam, damit sie nicht aufwacht. Diese Sicht der Beteiligten wäre ihr schon genug an Training, und solange sie nicht zu dick ist, spricht auch nichts dagegen, eine Katze in Ruhe zu lassen. Gegen deutliches Übergewicht hilft nur Diät und körperliche Ertüchtigung. Diät mit einem sättigenden Spezialfutter schont die Katzennerven so weit, dass das Tier nicht schon vor Erschöpfung zusammenbricht, wenn es ein bisschen spielen soll. Ein erster Erfolg ist geschafft, wenn sich der Stubenrollmops eine Schnur krallt, sobald sie an seiner Nase vorbeigezogen wird. Als Aerobic geht das noch nicht durch. Da hilft vielleicht ein Trick: Verstecken Sie sich hinter einer Tür, ziehen Sie eine Schnur ganz langsam zu sich und somit aus dem Sichtfeld der Mieze. Das ist ein Schlüsselreiz, dem fast keine Katze widerstehen kann: Gleich ist die „Maus" weg. Das darf doch nicht sein! Eine Variante ist, die Schnur langsam unter eine Bettdecke zu ziehen. Auch dann hechtet die Mieze hinterher, erwischt aber vielleicht Ihre Beine. Und schließlich gibt es noch die Methode „Spielkamerad", die – obwohl sehr erfolgreich – wegen einiger Schwachstellen nicht immer geeignet ist, eine Katze erfolgreich ins Training zu bringen. Eine zweite Katze oder ein Hund sollten schon prinzipiell willkommen sein und nicht das dolce vita in Stress untergehen zu lassen.

Wann ist eine KATZE ALT?

Katzen altern anders als wir Menschen. Im Vergleich zu uns werden sie rasend schnell geschlechtsreif. Ein Kind wäre bei entsprechend schnellem Heranreifen schon mit acht Jahren in der Pubertät. Kaum drinnen, stürmen Katzen durch die Pubertät in wenigen Monaten. Mit 1,5 Jahren ist eine Katze in der Entwicklung vergleichbar mit einem 20jährigen Menschen. Es ergibt sich dann etwa eine Erhöhung von vier Menschenjahren pro Katzenjahr, wobei das hohe Alter relativ spät einsetzt, also eigentlich das körperlich noch fitte „Mittelalter" einer Katze länger ist als beim Menschen.

Die Katzenjahre-Menschenjahre-Umrechnungstabelle

Katzenjahre																			
1	2	3	4	5	6	7	8	9	10	11	12	13	14	15	16	17	18	19	20
16	24	28	32	36	40	44	48	52	56	60	64	68	72	76	80	84	88	92	96
Menschenjahre																			

Kann man mit einer Katze JOGGEN?

Es gibt Katzen, die wirklich gerne herumlaufen bzw. längere Strecken zurücklegen. Zum Joggen reicht's meistens nicht, was kein Schaden ist, denn die geeigneten Wege sind ohnehin hunde-„verseucht". Aber Sie können es versuchen, wenn Sie wollen. Geeignete Kandidaten fürs Jogging sind junge und schlanke Katzen. Ein dicker Katzenopa wird Sie mit ungeahnter Standfestigkeit überraschen, aber dass er seine Massen neben Ihnen im Laufschritt fortbewegt, das werden Sie nicht erleben. Fitnesstraining an der Leine, das ist für die meisten Katzen das, was die anderen machen. Hunde zum Beispiel. Katzen wollen nur Spaß. Aber vor den hat man in Amerika bereits erste Hürden gesetzt. Nämlich: Sprunghürden!

Ist „Cat-Agility" tatsächlich KATZEN-SPORT?

Ring, Leiter, Tunnel, Slalom – Agility für Katzen ist tatsächlich der neueste Trend aus den USA. Und somit gibt es jetzt auch bei ihnen und nicht nur bei Hunden Geschicklichkeits-Wettbewerbe. Der erste nach „offiziellen" Turnierregeln fand Ende 2005 während einer Katzenausstellung in der Schweiz statt. Dort gibt es sogar schon einen Cat-Agility-Verband, „ICAT" (International Cat Agility Tournaments), und man ist der Ansicht: „Falls Ihre Katze einen Federwedel jagt, sollte sie auch an einem Agilitywettbewerb teilnehmen können." Das klingt sehr einfach, genauso wie: „Wenn eine Katze erst einmal gelernt hat, einem Spielzeug zu folgen und die Hindernisse zu überwinden, hält sie es einfach für ein amüsantes Spiel." Nur lebhafte Rassen lieben dieses Spiel, etwa Bengal, Siam oder andere Orientalen. Perser und Ragdoll dagegen finden's eher nicht so toll.

Warum flippt sie bei manchen DÜFTEN aus?

Auf manche Düfte reagieren Katzen von entzückt bis völlig entrückt. Insgesamt konnten Forscher 16 Chemikalien identifizieren, die bei Katzen Reaktionen auslösen. In den Geschäften wird schon eine Vielzahl von Spielzeugen mit Schnuppernote angeboten. Was genau in der Katze passiert, ist unklar. Man weiß jedoch, dass sie intensiver auf Düfte als wir Menschen reagieren, weil ihr Geruchssinn sehr viel besser als der unsrige entwickelt ist. Man betrachtet solch intensiv wirkende Stoffe als Halluzinogene, also genau genommen als Rauschmittel. Nach dem heutigen Wissensstand geht von diesen Spielzeugen, die im Handel für Katzen angeboten werden, bei gelegentlichem Schnuppern keine Gefahr für das Tier aus. Eine gewisse Skepsis darf man sich dennoch bewahren und lieber zu vorsichtig als zu nachlässig damit umgehen. Wie bei allen Genussmitteln kommt es wohl auch auf die Dosierung an. Die heftigsten Schnüffel-Räusche lösen Baldrian-Wurzeln (Katzenkraut, *Valeriana officinalis*), Katzenminze-Blätter (Catnip, *Nepeta cataria*), sowie die Geißblatt-Wurzeln aus.

Reagieren alle Katzen auf CATNIP?

Etwa 60 Prozent der Katzen besitzen das autosomal dominante Gen für Empfindlichkeit auf Catnip: Katzen riechen daran, lecken es ab, kauen oder essen es sogar. Einige lieben es, sich darin zu wälzen, oder sie halten catnipgefüllte Spielsachen in den Pfoten. Die Dauer der Wirkung von Catnip liegt zwischen zwei und 15 Minuten, aber die Reaktion der Katze hängt von Alter und Gewöhnung ab, Kater reagieren stärker als Katzen. Gestresste oder ängstliche Katzen und Tiere jünger als acht Wochen, reagieren meistens nicht auf diese Spielsachen. Aus den USA kommen Spielzeuge mit anders riechendem Catnip von

Nepeta fassenii, einer anderen Sorte von Katzenminze. Beide Arten kann man im Garten anpflanzen. Die Katzenminze trägt weiße oder hellblaue bis lilafarbene Blüten und eignet sich für den Steingarten und als Bodendecker. Sie blüht von Mai bis September und lockt neben Katzen auch Schmetterlinge und Bienen an. Stauden wie die Katzenminze pflanzt man im Frühjahr. Wer die Katzenminze trocknen will, schneidet sie im August und hängt sie mit den Stielen nach oben auf.

Wofür nimmt man GEISSBLATT?

Seit neuestem gibt es auch Geißblatt-Spielzeug mit ähnlicher Wirkung wie Catnip. Vom Handel wird dieses sogar als „die perfekte Alternative für alle Katzen, bei denen Katzenminze nicht die übliche Anziehungskraft ausübt", angeboten. Geißblatt-Duftstoffe haben ebenso eine euphorisierende Wirkung auf Katzen, angeblich sogar auf die zurückhaltendste. Die wenigen Erfahrungen damit lassen aber noch zu Vorsicht raten. Von Geißblatt wird nur die Wurzel verwendet, die Pflanzen selbst sind für Katzen giftig und sollten nicht auf dem Balkon gezogen werden. Geißblatt (Jelängerjelieber, *Lonicera caprifolium*) kennt man auch als eine der Bach-Blüten-Essenzen, wo sie unter der englischen Bezeichnung „Honeysuckle" aufgeführt ist. Honeysuckle, so die Beschreibung der Essenz, ist mit dem Prinzip der Wandlungsfähigkeit verbunden. Im negativen Honeysuckle-Zustand ist die Katze nicht in der Lage, neue Lebensumstände zu akzeptieren.

Gibt es WELLNESS-DÜFTE ohne Rauschwirkung?

Will man einer Katze ein duftes Geschenk machen, geht nichts über Düfte aus dem Garten.

Allerdings lässt sich nie ausschließen, dass in einer Mischung nicht doch eine Pflanze enthalten ist, die die Katze stärker ins Schwelgen bringt, als man eigentlich vorhatte. Trocknen Sie je nach Belieben und Vorlieben der Katze Blüten, Blätter, Gräser, Kräuter, Moose und Farne und füllen diese in einen kleinen Kissenbezug. Farn wirkt sogar gegen Flöhe, wenn man ihn im Herbst „erntet", nachdem er braun geworden ist. Schöner duften natürlich Rosenkissen oder Säckchen gefüllt mit Lavendel, Thymian, Salbei, Minzen aller Arten, Holunderblüten, Lindenblüten, Hopfenblüten oder frischem Wiesenheu. Wer keinen Garten hat, kann getrocknete Blumen als fertige Potpourri-Mischung zum Beispiel in Drogerien finden, wo es die Kräuter als Tees getrocknet zu kaufen gibt. Bekommt man keine Trockenkräuter, kann man auf ätherische Öle zurückgreifen, aber sparsam damit umgehen und nur einen Tropfen ins Kissen, keinesfalls außen auf die Hülle geben.

Können KLÄNGE eine Katze VERZAUBERN?

Katzen hören weit besser als Menschen. Schütteln Sie einmal eine Futterschachtel im Nebenraum: Das ist Musik in den Ohren einer Katze! Da kommt sie sofort angeflitzt. Auch andere Töne machen Katzen neugierig. Besorgen oder basteln Sie raschelndes Spielzeug. Füllen Sie Plastikperlen, Reis, Getreide, Kirschkerne, kleine Kieselsteine in eine kleine Spielkugel oder ein Stoffsäckchen. Lassen Sie Windspiele von der Decke baumeln. Spielen Sie Ihrer Katze CDs mit sphärischen Klängen, Walgesängen, Vogelzwitschern, Mozart und Beethoven bis hin zu Spezialkompositionen vor.

Wirkt MUSIK auf Katzen beruhigend?

Mit Techno, Avantgarde Jazz, Hardrock oder Marschmusik werden Sie eine Mieze kaum hinter dem Ofen hervorlocken, sondern darunterjagen. Eher schon lassen sich Katzen mit klassischer Klaviermusik begeistern. So wie wir Menschen auch, reagiert der Katzenorganismus besonders auf Meditationsmusik, die dem Ohr sanfte, wiegende Weisen mit Eindrücken aus der Natur, Wind und Wellen, Vögel und Meer anbietet. Die Herzfrequenz sinkt beim Hören messbar, Aggressionen verschwinden und die Katze entspannt sich. Dieser Effekt lässt sich so deutlich feststellen, dass bereits speziell für Katzen komponierte Musik im Handel ist. Eine davon hat der bekannte Tiertrainer und Tierheilpraktiker Joe Bodemann aufgenommen, eine andere ein Team von Verhaltensexperten. Die Anbieter empfehlen ihre Musik als Therapie unterstützend bei Stubenunreinheit, Unverträglichkeit untereinander, für kranke und genesende Katzen, zur Entspannung bei Stress aller Art und zur Stärkung der Katzen-Mensch-Beziehung.

Sitzen Katzen gerne vor dem FERNSEHER?

Manche gucken fern, die meisten nur in die Röhre. Und ob sie das genießen, weiß man nicht. Sie sind zu klug, um die bewegten Bilder für echt zu halten, und sie ignorieren ihr eigenes Spiegelbild. Unabhängig davon, wie reizvoll die Figuren auf dem Bildschirm, Menschen, Tiere, Autos, Tennisbälle, Fußball-Spieler, ja sogar Mäuse sein mögen, sie werden schnell uninteressant, weil sie nicht aus dem Kasten herauskommen und die Katze auch nicht hineinschlüpfen kann. Man kann sie nicht fangen und nicht fressen, und das merkt eine Katze irgendwann – die eine früher, die andere später. Bei Katzen, die noch jung sind, geht die Sendung manchmal hinter dem Gerät weiter. Dort, wo der Kabelsalat einstaubt, kriechen sie herum und suchen den Tennisball, den Formel-Eins-Wagen, den Fußball-Spieler oder Hund, Katze, Maus, je nachdem, was sie gerade vom Bildschirm weg aus dem Blick verloren haben.

Was tun Katzen, wenn sie ALLEIN sind?

Felidae-Kater „Francis" würde sich an den PC seines „Dosenöffners" setzen und ein bisschen im Internet surfen, Premium-Futter bestellen und sich Eintrittskarten für die Musical „Cats" oder „König der Löwen" besorgen. Im wahren Leben eignen sich weder das Radioprogramm noch das Fernsehen als Freizeit-Beschäftigung für allein gelassene Katzen. Denn eines ist den Freunden wie den Feinden der Stereo-Hi-Fi-Digital-Fernsehanlagen gemeinsam: Sie sinken spätestens nach einer halben Stunde, eher schon nach zehn Minuten vom Bildschirm weg ins Reich der Träume. Die wenigen Katzen, die sich tatsächlich am Programm erfreuen können, sehen am liebsten Sport- und Natursendungen, Rosamunde-Pilcher-Filme, Sissi, Beethoven, Die ver-

rückte Welt der Tiere – eben alles Mögliche. Da muss man froh
sein, dass nicht auch noch die Katzen beim Fernseh-Programm
mitreden.

Eignen sich BACH-BLÜTEN für Katzen?

Bach-Blüten sind 38 Essenzen auf alkoholischer Basis, die der Brite Dr. Edward Bach zusammengestellt hat.
37 davon werden aus Pflanzen gewonnen. Eine weitere Essenz ist
„Rock Water", Wasser aus einer heilkräftigen Felsenquelle. Ähnlich
den homöopathischen Heilmitteln werden sie hoch verdünnt zubereitet und enthalten keine Pflanzenanteile, sondern nur noch deren
harmonisierende Informationen. Die Bach-Blüten wirken auf die
Seele, verbessern das psychische Befinden und stellen die innere
Harmonie wieder her, sofern nicht die äußeren Umstände die Disharmonie aufrechterhalten. Dies ist ein wichtiger Grund, weshalb
manche Katzen scheinbar nicht auf Bach-Blüten ansprechen. Diese
können aber erstaunliche Wirkungen zeigen und sehr viel zum
Wohlbefinden der Katzen beitragen. Am häufigsten genutzt werden die Notfall-Tropfen (Rescue), die aus fünf Blütenessenzen (Clematis, Cherry Plum, Impatiens, Rock Rose, Star of Bethlehem)
zusammengestellt sind. Sie bringen bei Schock und plötzlichem
Leid Linderung, etwa einer Katze, die vom Auto angefahren wurde.
Schaden können sie nicht, wenn sie richtig, nämlich in Wasser verdünnt, angewendet werden.

Mögen Katzen ein ENTSPANNENDES BAD?

Damit gehen Sie baden, wenn Sie eine Katze baden wollen. Nur die
Show-Schönheiten, die schon als Babys eingeseift und gepudert

wurden, lassen sich das gefallen. Eine normale Hauskatze würde sofort ihren Aufenthalt in ihrem Wellness-Etablissement unter Protest und unterm Sofa beenden. Manche Katzen sind so wasserscheu, die laufen sogar unter den Regentropfen hindurch. Ein Bad in der gefüllten Wanne wäre das Letzte, das sie freiwillig mitmachen würden. Nicht alle Katzen sind so extrem. Einzelne Ausnahmen etwa unter den Van-Katzen tauchen sogar unter, die meisten allerdings fühlen sich teils von den Düften angezogen, sofern nicht eine streng riechende Wolke von Menthol und Eukalyptus durch die Wohnung zieht. Viele Katzen interessiert einfach, was Frauchen da tut, was es zu bedeuten hat, wenn es unter einem Berg Schaum begraben ist. Und sicherlich streckt es die Zehen nur deshalb aus dem Schaum, weil man damit so schön spielen kann. Mutige Miezen balancieren über den Badewannenrand und trinken vom tropfenden Wasserhahn. Aber selbst nass werden? Nie im Leben! Außer man fällt hinein. Katzen können übrigens schwimmen, wenn sie es nicht vor lauter Schreck vergessen.

Kann man Katzen mit in den URLAUB nehmen? Ja, man

kann schon, nur, ob man das wirklich will? Ein Vergnügen ist es nämlich nicht unbedingt, schon gar nicht mit einer reiseunlustigen Katze. Show-Tiger sind dazu eher bereit und lassen sich zumeist klaglos in eine Transportbox sperren und darin herumschaukeln. Start und Landung, Turbulenzen, schaukelige Bustransfers, Sicherheitskontrollen, Wartezeiten in großen lautsprecherdurchfluteten Hallen, ein nervöser Halter als Träger von Boxenstopp zu Boxenstopp – das alles muss sie möglichst klaglos hinnehmen.

Freilaufkatzen, die schon im Auto ausflippen, sind durch ihre unedle Herkunft weitgehend vor Showreisen geschützt, nicht jedoch davor, zu einer Urlaubsreise mit eingepackt zu werden. Wenn Sie die Katzen nicht von klein an mitnehmen, bereiten Sie sich am besten darauf vor, Flug oder Autofahrt mit Katzenjammer zu verbringen. Ideal für einen Urlaub mit Katzen sind Wohnwagen, Campingmobil, Zelt oder Ferienwohnung.

Wie reist man mit Katze im FLUGZEUG? Im Passagierraum sind,

wenn überhaupt, nur leichte Katzen erlaubt, schwere müssen in den Frachtraum. Bis fünf Kilo (bei manchen Gesellschaften sechs Kilo) schwere Katzen reisen zu Füßen ihrer Halter im Passagierraum, sicher verwahrt in einer wasserdichten Transportbox. Die Bestimmungen der Fluggesellschaften sind unterschiedlich. Die LTU hat von den Airlines, die Tiere mitnehmen, relativ strenge Bedingungen. Diese schrieben Anfang 2006 vor: „Bei einem Gewicht von bis zu 5 kg (inkl. Tierbehältnis) können Tiere im Fluggastraum gegen eine Gebühr von derzeit EUR 25, die am Abflugtag direkt am Flughafen zahlbar ist, mitgenommen werden. Die Tierbeförderung in der Kabine ist nicht auf Langstrecken möglich. Während des gesamten Fluges müssen die Tiere in einem verschlossenen, luftdurchlässigen, wasserdichten Transportbehältnis (max. Größe 45 × 35 × 20 cm) mit Sichtfenstern verbleiben."

Dürfen Katzen mit ins AUSLAND?

Welche Vorschriften Sie beachten müssen, hängt vom Ziel der Reise sowie von der Fluggesellschaft ab. Fürs Ausland müssen Tiere grundsätzlich mit einem Mikrochip gekennzeichnet sein und über einen blauen EU-Tierpass verfügen, der eine gültige Tollwutschutzimpfung und Blutuntersuchung auf Tollwutantikörper bestätigt. Erkundigen Sie sich rechtzeitig über eventuelle Änderungen, haben Sie immer einen aktuellen internationalen Impfpass für Ihre Katze und lassen Sie sie vorsorglich mit einer Mikrochip-Kennung versehen. Nur so können Sie auch kurzfristig mit der Katze ins Ausland reisen. Ausgenommen sind Länder, die noch vor Jahren strenge Quarantäne-Vorschriften hatten. Dort bedarf es einer längeren Vorbereitungsphase und Planung, weil für eine Einreise mit Tier noch immer viele Auflagen zu erfüllen sind, um die man sich schon Monate vor dem Termin kümmern muss. Der ADAC oder die Länderkonsulate können die aktuellen Einreisebestimmungen mitteilen.

Fahren Katzen gerne AUTO?

Die meisten jammern, wimmern, heulen oder schreien sich die Seele aus dem Leib. Das kann man nicht mehr als „gerne Autofahren" ansehen. Aber das hilft der Katze nichts. Denn ohne Auto kommen wir mit ihr nicht zum Tierarzt. 96 Prozent der Katzen kennen das Autofeeling, die meisten allerdings wirklich nur von den Fahrten zum

Es gibt Katzen, die sich weder mit Geduld noch mit Gewalt in eine Transportbox sperren lassen.

Tierarzt. Diese Wege sind fast immer kurz, aber sie haben eben kein erfreuliches Ziel. Und man muss sich nicht wundern, wenn so viele Katzen als heulendes Elend in ihrer Box hocken, sobald das Auto losfährt. Aber es gibt auch diese anderen Katzen: Echte Urlaubsmiezen halten bis zu zehn Stunden Fahrt durch, natürlich nur, weil ihre Halter sie schon als Kätzchen daran gewöhnt haben und ihnen unterwegs alles bieten, was eine Reisemieze braucht. Mehr als 15 Prozent der Reisekatzen sind ungesichert im Auto, verhalten sich aber brav. Passiert jedoch ein Unfall, riskiert man den Verlust des Auto-Versicherungsschutzes, wenn herauskommt, dass eine Katze frei im Auto herumspringen durfte.

Gibt es KATZENGERECHTE Autos?

Eine Schublade unter dem Beifahrersitz, gefüllt mit Katzenstreu – und schon ist die mobile Katzentoilette perfekt. Denn Not macht erfinderisch. Nicht die Autoindustrie kommt auf eine solche Idee, es sind die Katzenhalter selbst, die ihre Autos, Wohnwägen und Wohnmobile miezbequem nach- bzw. aufrüsten. Nachdem es noch immer keine wirklich kindergerechten Autos gibt, muss jedem Katzenhalter klar sein, dass wir vom Auto, das Katzenwünsche erfüllt, noch weit entfernt sind. Hunde sind mit ziemlicher Sicherheit noch vorher an der Reihe, im Auto besonderen Komfort zu erfahren. Für sie gibt es schon so einige Ideen, die man teilweise auch für Katzen nutzen kann, zum Beispiel die Vielfältigkeit an Transportboxen und anderen Sicherungssystemen. Interessant ist beispielsweise auch die Möglichkeit, die Heckklappe mit einem Spezialverschluss zu versehen, durch die immer Frischluft ins Wageninnere kommen kann, ohne dass das Auto mit unversperrten Fenstern oder Türen abgestellt werden muss. Man findet diese unter dem Stichwort „AirKit" oder „Heckklappenbelüftung" in Internetshops und im Versandhandel.

Vertragen Katzen Katzenzungen?
... und weitere 17 Fragen rund ums Kochen und Füttern

Bekommt die Katze von SELBSTGEKOCHTEM Mangelerscheinungen?

Man könnte eine Maus braten. Dann wären im Katzenmenü alle lebensnotwendigen Stoffe in der optimalen Zusammensetzung enthalten. Mäuse sind jedoch in der Küche nicht gern gesehen – weder tot noch lebendig. Die Katzen selbst haben ihre eigene Meinung zu Mäusen. Freilaufkatzen sehen sie als Rohkost an, die durch Kochen nicht schmackhafter wird. Aber von den reinen Stubentigern wissen die meisten noch nicht einmal, wie eine Maus aussieht, geschweige denn, dass man sie fressen kann.

Auf jeden Fall muss man sich mit dem Kochen für die Katze einige Mühe geben und sich ernährungskundlich schlaumachen. Es sei denn, es gibt nur ab und zu ein Miezmenü. Denn dann dürfen ruhig einmal die Ballaststoffe fehlen, wenn dafür genug Stoff für einen kulinarischen Katzentraum darin ist. Dabei müssen Sie sich noch nicht einmal für gewürzloses Kochen begeistern. Die Lösung ist, eine kleine Portion vom eigenen Essen vor dem Würzen abzuzweigen. Ein Rindergeschnetzeltes in Sahnesoße wird der Katze schon serviert, bevor Sie Kräuter, Pfeffer, Paprika oder Sherry hinzufügen. Ein bisschen Salz hin und wieder schadet einer Katze nicht. Es kommt auf die Menge an. Katzen, die auf Diätfutter angewiesen sind, sollten lieber nicht aus den eigenen Töpfen schmausen dürfen. Für sie ist es besser, auf das entsprechende Futter zurückzugreifen, das der Tierarzt empfiehlt.

Warum sind Katzen nur so HEIKEL?

Dass Katzen sich sehr schnell an teures Fressen gewöhnen und es hartnäckig verlangen, weiß fast jeder Katzenhalter. Er sucht die Schuld bei sich und seinem weichen Herzen, das allzu gern dem vierbeinigen Liebling gelegentliche Gaumenfreuden spendiert. Manchmal aber tadelt er sich ganz zu Unrecht, seine Katze verwöhnt zu haben. Denn britische Forscher fanden heraus, dass viele, und besonders die ganz hartnäckigen, Fressvorlieben schon zwischen der dritten und achten Lebenswoche festgelegt werden. Und in diesem Alter sind die Kätzchen ja noch bei der Mutter. Was das Tier in dieser Zeit zu fressen bekommt, liegt also ganz in der Hand des Züchters, des Halters der Mutterkatze bzw. an den Umständen, unter denen das Kätzchen groß geworden ist. Nur mit konsequenter Unnachgiebigkeit kann manche Mäkelei später noch abgeschwächt werden. Es ist aber nicht leicht, sich dem flehenden Blick des kleinen und so hungrigen Lieblings zu widersetzen. Offenbar können die Weibchen besonders gut schmachten: Von ihnen ist jede dritte heikel, von den Katern nur jeder vierte.

Vertragen Katzen
KATZENZUNGEN? Katzen mögen

normalerweise keine Katzenzungen. Denn die meisten Katzen sind auf Süßes zum Glück nicht besonders scharf. Und wenn sie doch auf Schokolade und Ähnliches stehen, dann schmeckt ihnen das Fett und nicht der Zucker. Und dabei ist gerade Schokolade für Katzen gefährlich. Eine Tafel enthält bereits eine für Katzen und kleine Hunde tödliche Menge von Theobromin, ein Stoff aus der Kakaobohne. „Die Wirkung tritt etwa vier bis fünf Stunden nach Verzehr ein: Starkes Hecheln, Erbrechen, Durchfall, Herzrasen und in Extremfällen motorische Krampfanfälle und der darauf folgende Tod. Es gibt keine Gegenmittel", warnt der zoologische Zentralanzeiger (zza). Zucker ist zwar nicht so gefährlich, aber ungesund. Katzen können ihn nicht einmal schmecken, weil sie das Protein zum Zuckerschlecken nicht bilden können. Den genetischen Nachweis darüber erbrachten kürzlich Wissenschaftler des Monell Chemical Senses Center in Philadelphia, was man im Wissenschaftsmagazin „Nature" lesen konnte. Zucker, der auch Katzenzähne faulen lässt, die Darmflora stört, der dick macht und der gutes Futter im Geschmack ohnehin nicht verbessern kann, ist somit für eine Katze unnötig und schädlich.

Wie viele SHRIMPS
sind in einer Futterdose? Die Zutaten von normalem Dosenfutter stammen zu 90 Prozent aus „tierischen Nebenerzeugnissen", also gekochten, pürierten oder zu Pressfleisch aufbereiteten Schlachtabfällen. Dazu kommen ernährungsphysiologisch wichtige Zusätze und einige Prozent von dem, was auf der Packung steht: Ente, Huhn, Rind, Kaninchen, Shrimps, Truthahn, Thunfisch etc. Es können also nicht viele Shrimps sein,

und man sieht auch dem Futter nicht an, welcher Teil des Krusten-
tieres dafür hergenommen wurde. Die meisten Katzen fressen solche Tiernahrung und leben damit gesund. Naturkundlich orientier-
te Tiermediziner und Heilpraktiker kritisieren die Katzennahrung,
die man im Supermarkt in einer großen Vielfalt kaufen kann, allerdings als unzureichend und raten zu Bio-Futter aus dem Fachhandel. Welches Futter man auch immer für gut befinden mag, im Alltag entscheiden sehr häufig die Katzen, welche Sorte in ihren Napf
gefüllt wird. Denn viele Halter sind einfach nur froh, wenn sie eine
Sorte gefunden haben, auf die die Katze richtig scharf ist.

Woran erkennt man gutes FERTIGFUTTER?

Der Inhalt macht's: Ob Sie Futter vom Discounter, Markenware
oder ganz teures Bio-Futter wählen, es ist nie verkehrt, auf den
Inhalt zu achten, wobei Feuchtfutter schon allein zu 80 Prozent aus
Wasser besteht. Der Rest ist im Idealfall doppelt so viel Eiweiß
(Protein) wie Fett, dazu Ballaststoffe, Vitamine, Mineralien und
Taurin. Was nicht erwünscht ist, sind Konservierungsstoffe. Auf
Farb-, Geruchs- und Aromastoffe, Zucker oder Geschmacksverstär-
ker kann man ganz verzichten. Die Zusammensetzung eines Bio-
Futters der Sorte Thunfisch besteht beispielsweise aus Fleisch, tie-
rischen Nebenprodukten (davon mind. 5% Thunfisch), Weizen,
Mineralien, Mais, Meeresalgen, Spirulina (Algenpflanze). Die
Nährstoff-Liste liest sich so: 80% Wasser, 10% Rohprotein, 4,5%
Rohfett, 2% Rohasche, 1% Rohfaser, 0,3% Calcium, 0,25% Phosphor,
0,04% Taurine, 0,02% Magnesium. Plus Vitamin E. Und nicht
zuletzt erkennt man die Qualität am Preis. Bio-Qualitätsfutter kostet
in der Regel rund doppelt so viel wie die gleiche Dosengröße beim
Discounter.

Wofür ist „TAURIN" in der Katzennahrung?

Neben Magnesium, Natrium und Aminosäuren muss der Nährstoff Taurin im Futter enthalten sein. Zu wenig davon kann bei der Katze zur Erblindung und noch weiter zum Tod führen. Es ist im Muskelgewebe, also im Fleisch ausreichend vorhanden und war es auch früher, nur wusste man nichts davon. Und dass es für die Ernährung so wichtig ist, auch nicht.

Wie bekommt man TABLETTEN in eine Katze?

Der Tierarzt klemmt sich die Katze unter den Arm, und bevor sie auf die Idee kommt, sich zu wehren, hat er ihr die Tablette schon tief in den Rachen geschoben. Beim Zusehen ist das sehr einfach. Zuhause gestaltet sich diese sekundenschnelle Aktion irgendwie anders. Die Katze lässt sich nicht festhalten, das Maul ist wie zugenäht und die Tablette flutscht aus den Fingern und rollt über den Boden davon. So geht das fast allen Katzenhaltern. Deshalb hat die Industrie einen Parasitenschutz in Flüssigform entwickelt, den man der Katze in den Nacken reibt, was viel einfacher geht. Für manches aber gibt es nur Tabletten, die für Katzen schon extra klein hergestellt werden, damit man sie ihnen leichter geben kann. Tricks dazu gibt es einige: Für verfressene Katzen kann man die Tablette in ein bisschen Leberwurst verpacken oder pulverisiert ins Futter mischen, alternativ ins Fell streuen und wegputzen lassen. Die heikle Katze bekommt sie anders: Man nimmt eine feste Decke und hüllt die Katze blitzartig so darin ein, dass nur ihr Kopf herausgucken kann. Dann drückt man mit sanfter Gewalt das Mäulchen auf und lässt die Tablette ganz weit in den Schlund fallen. Sie benötigen ein bis drei Helfer für diese Aktion und einige Tage, bis sich die Katze wieder mit Ihnen anfreundet. Noch ein kleiner Warnhinweis:

Tabletten aus der Familien-Hausapotheke können eine Katze in Windeseile töten. Nehmen Sie nie etwas von dort für eine Katze, ganz besonders keine Schmerztabletten oder irgendein Wunddesinfektionsmittel.

Wie gewöhnt man sie an
NEUES FUTTER?

Bei Jungkatzen sollten Futter und Geschmacksrichtung häufig gewechselt werden, dann legt sich die Katze nicht auf eine Sorte fest. Sie können nie sicher sein, dass es einmal eine bestimmte Sorte nicht mehr zu kaufen gibt. Was dann? Mischen Sie in das alte Futter täglich ein bisschen mehr einer neuen Sorte. Wählen Sie für die Umstellung eines, das dem alten Futter ähnlich ist. Das funktioniert leider nicht immer. Bei den ganz hartnäckigen Fällen hilft nur noch das Ausprobieren aller Futtersorten, die man finden kann. Und wer zusätzlich im Internet sucht, wird eine unübersehbare Fülle von Angeboten finden.

Können Katzen
VITAMINMANGEL haben?

Sie hängt schlapp auf dem Kratzbaum, hat ein stumpfes Fell, das ungewöhnlich stark haart, spielt nicht und frisst wenig? Dann ist das ein typisches Zeichen dafür, dass der Katze etwas fehlt, im Zweifelsfall Vitamine. Der Tierarzt sollte dies untersuchen, bevor man übersieht, dass sie tatsächlich krank ist. Für die müde Mieze oder einen Katzen-Senior sind die Vitaminpasten und Drops eine gute Nahrungsergänzung. Nötig sind sie für die Katzen, die Selbstgekochtes vom Halter serviert bekommen. Denn allzu leicht fehlt im Menüplan ein wichtiges Vitamin, Mineral oder Spurenelement.

Und hier kann eine kleine Ursache große Wirkung haben. Frisst die Katze keine Leber, ist sie mit Vitamin A – nötig für das Knochenwachstum – unterversorgt. Das ist genauso schädlich wie ein Zuviel davon. B-Vitamine und Vitamin E sind an vielen Prozessen im Körper von den Nerven bis hin zur Energieversorgung beteiligt. Vitamin B1 wird häufig durchs Kochen zerstört und muss ersetzt werden. Und an Vitamin E mangelt es bei einseitiger Ernährung manchmal überhaupt.

Woraus werden KATZENLECKERCHEN

gemacht? Diese Leckereien sind, anders als Katzenzungen, tatsächlich für die Katzen. Schokolade, Zucker, Glasuren, Cremes, Streusel, Marmelade, Marzipan – nichts davon wird für Katzenkekse oder -pralinen verwendet. Die sind nämlich zum Beispiel aus getrockneten Lachsstückchen, ohne Zusatz von Konservierungsstoffen, Farbstoffen oder gar chemischen Zusätzen. Auch wenn uns Menschen bei Fischpralinen der Appetit auf Naschereien gründlich vergehen würde: Katzen mögen das. Kekse sind allerdings nicht aus Fisch, sondern aus zuckerlosem Teig.

Brauchen Katzen GEMÜSE? Naturheilkundler sind davon überzeugt, dass die Katze einen gewissen Anteil an Pflanzenfaserstoffen benötigt, aus der sie Ballaststoffe, Vitamine und Mineralstoffe gewinnt – ganz entgegen der Meinung von Wissenschaftlern. Die sagen, Hauptsache Fleisch ist drin, das Petersilien-Sträußchen könne man sich schenken. Nimmt man die Maus als Referenzfutter, dann ist selbst eine alleinige Ernährung mit Mäusen keine reine Fleischkost, weil die Katze alles mitfrisst, auch die Pflanzenteile im Magen der Maus. Sie schaden also nicht, aber nützen können sie ungekocht auch nicht viel. Denn Katzen verfügen nicht über die Mikroorganismen, die pflanzliche Kohlenhydrate in Einfachzucker aufspalten. Deshalb muss man Gemüse für Katzen kochen. Träger von wertvollen Kohlenhydraten sind Getreide wie Hafer, Weizen und geschälter Reis; Gemüse wie dunkelgrüne Blattgemüse, Zucchini, Möhren, Bohnen, Mais und Kartoffeln; Obst wie Bananen, Äpfel, Melonen und Beeren.

Kann man eine Katze VEGETARISCH ernähren?

„Was wir brauchen, sind ein paar verrückte Leute; seht euch an, wohin uns die normalen gebracht haben."

Dieses Zitat von George Bernard Shaw (1856–1950) haben sich „Die Tierfreunde – Aktionsgemeinschaft Tierschutz e.V." aus dem Kreis Siegen als Motto gewählt. Und so ein bisschen verrückt ist die Idee auch, eine Katze als klassische Fleischfresserin vegetarisch ernähren zu wollen. Dass es möglich ist, hat eben dieser Tierschutzverein in Zusammenarbeit mit dem Siegener Tierheim bewiesen. Dort sammelten sie Erfahrung mit der fleischlosen Ernährung von Katzen und Hunden, wobei die Hunde damit noch besser zurechtkommen, allerdings auch nicht alle.

Nun füllt man nicht einfach nur Gras, Gemüse und Obst in den Napf und fertig. Ganz anders: Wer aus ethischen oder Allergie-Gründen kein Fleisch füttern möchte, kauft sich am besten Spezialfutter, das man im Internet unter dem entsprechenden Suchwort finden kann. Darin ist sogar das essentielle Taurin enthalten, das eigentlich rein fleischlicher Natur ist. Der Deutsche Tierschutzbund lehnt dagegen eine rein pflanzliche Kost für Katzen kategorisch ab: „Auf der Grundlage einer Doktorarbeit über vegetarische Ernährung von Hunden und Katzen sowie mehrerer Gespräche mit Prof. Dr. Ellen Kienzle (Lehrstuhl für Tierernährung am Institut für Veterinärmedizin der Universität München) können wir eine vegetarische Ernährung von Katzen aus Tierschutzgründen nicht empfehlen."

Werden Kater nach dem KASTRIEREN dick?

Vor der Kastration sind sie tagelang auf Achse, um die Weiblichkeit zu beglücken. Aber nicht so mühelos, wie etwa ein Mann mit Sportwagen und viel Geld! Kater legen viele Kilometer zu Fuß zurück und können ihrer Holden mit nichts anderem imponieren als mit einer guten Figur. Denn das Rennen verbraucht Kilokalorien in großen Mengen. NACH der Kastration ist der Bedarf viel niedriger, denn das Schönste auf der Welt sind dann nicht mehr die aus der Ferne lockenden Miezen, sondern die leckeren Futternäpfe in der Küche. So werden die Kater fette, faule Fress-Säckchen, weil sie nicht gleichzeitig mit ihrem gesunkenen Kalorienbedarf ihren Appetit zügeln. Man sieht die fetten Kater nur kaum auf der Straße. Sie sind nämlich zu faul zum Rumlaufen. Zum Dicksein gehört allerdings nicht nur Appetit, sondern auch Futter. Und das dürfen Sie natürlich nicht in unbegrenzter Menge anbieten

Wie SPECKT man eine Katze ab?

Die Halter dicker Katzen können sich gar nicht erklären, warum ihr Tier so füllig ist. Denn sie füttern in ihren Augen nicht zu viel, sondern sie glauben, die Katze hätte wohl eine Stoffwechselstörung oder sei eventuell von erblich bedingter Fresslust beherrscht.

Inzwischen kann man die Dickerchen mit durchaus sättigendem Diätfutter in kalorienärmere Gefilde umleiten. Überdies bietet die pharmazeutische Industrie seit kurzem ein Fett verbrennendes Mittel für den Tierbereich an, das im Fachhandel als Futter-Ergänzungsmittel erhältlich ist. Wie beim Menschen ist bei Katzen auch Bewegung sehr hilfreich. Machen Sie dem Faulpelz Beine und spielen Sie mit ihm, so oft Sie können!

Kann man einen Mäusefänger auf DIÄT setzen?

Eine Draußenkatze auf Diät zu setzen hat einen Haken: Sie erbettelt sich den Rest bei den Nachbarn oder sie ergänzt das Schmalhans-Essen durch ein paar nette, fette Mäuse. Wie schafft man es trotzdem, die Katze abzuspecken? Vor dem Rausgehen wird die Katze mit Diätfutter gefüttert, bis sie satt ist. Ohne Fressen gibt es auch keinen Freilauf. Das dämpft den Appetit auf Mäuse. Alle Nachbarn werden in den Diätplan eingeweiht und mit einbezogen, indem man die Zahl der Leckerchen, die sie füttern dürfen, genau festlegt. Futterklau bei anderen Katzen verhindert man sorgfältig und in der eigenen Familie müssen alle, auch die Kinder, hinter dem Diätplan stehen. Um v.a. die Kinder zu motivieren, nimmt man sich für den Tag, an dem die Katze ihr Diätziel erreicht hat, etwas Schönes vor, zum Beispiel ins Kino zu gehen. So kann man verhindern, dass sie der „armen Mieze" heimlich Futter zustecken.

Warum lehnen Katzen ihr LIEBLINGSFUTTER plötzlich ab?

Das kann einfach nur eine Laune sein. Vermutlich aber hat es einen Grund, wenn die Katze sich plötzlich weigert, die gewohnte Sorte weiterhin zu fressen. Die Ablehnung ist dann so auffällig und konsequent, dass man klar erkennen kann: Es ist zwar die gleiche Dose, aber offensichtlich ist nicht das Gleiche drin. Bei mehr als 90 Prozent Schlachthof-Überresten in der Dose kann das von Thunfisch etc. überhauchte Grundfutter natürlich auch einmal einen stärkeren Eigengeschmack haben als die vier Prozent für die Geschmacksrichtung.

Warum ist SCHWEINEFLEISCH für Katzen verboten?

Schweinefleisch kann für Katzen und Hunde tödlich sein. Wenn es die gefährlichen Aujeszkyviren enthält, verenden unsere Heimtiere nach einem qualvollen Todeskampf. Uns Menschen machen diese Viren nichts aus. Somit können wir nie wissen, ob ein Stück verseucht ist oder nicht. Selbst Rindfleisch, das normalerweise keine solchen Viren enthält, kann befallen sein, wenn es beim Metzger neben Schweinefleisch gelegen hat. Kochen Sie Rindfleisch zur Sicherheit gut durch – und verzichten Sie darauf, Schwein zu füttern, wenn Sie nicht hundertprozentig sicher sind, dass es hoch erhitzt und gut durchgegart wurde.

Warum sollen Katzen KEINE MILCH trinken?

Ältere Menschen können gar nicht verstehen, dass Katzen heutzutage plötzlich keine Milch mehr vertragen sollen. Früher ging das doch auch, denken sie. Das stimmt nur zum Teil, denn es gab sicher immer schon Katzen, die den Milchzucker, die Laktose, im Körper nicht richtig verarbeiten konnten. Sie waren nur seltener, weil viele von diesen schon jung starben. Heute ist das Problem bekannt und jeder Tierarzt rät, keine Kuhmilch zu geben, weil Katzen starken Durchfall davon bekommen können. Als Nebeneffekt nimmt damit aber die Zahl der Katzen mit Laktoseunverträglichkeit wieder zu, da sie ja nicht mehr wie früher früh sterben. Also lässt man die Milch am besten gleich ganz weg. Sie ist auch gar nicht nötig. Wasser als Durstlöscher ist besser.

Wie übersetzt man Züchter-Chinesisch
... und 18 weitere Fragen aus der Welt der Edelkatzen

Welche **KATZENRASSEN** sind am beliebtesten? Am weitaus häufigsten sind Hauskatzen und Mischlinge verschiedener Rassen in 1001 Varianten. Statistisch gesehen: Von 100 Katzen der durchschnittlichen Katzenpopulation sind mindestens 70 solche Straßenzufallsprodukte. Zwölf dieser 100 Durchschnittskatzen sind Perser, vier Kartäuser und zwei Britisch Kurzhaar anderer Farbe. Dazu kommen etwa drei Siam, zwei bis drei Norwegische Waldkatzen und zwei bis drei Maine Coon, je eine Birma und Orientalisch Kurzhaar. Und die restlichen zwei dieser Hundert gehören zu einer der über 50 Katzenrassen, die man in den Vereinen neben den genannten nach festgelegten Schönheitskriterien auch noch züchtet.

Sind **RASSEKATZEN** noch normale Katzen? Katze bleibt Katze. Rassekatzen sind genauso eigenwillig und individualistisch wie eine normale Hauskatze, nur etwas menschenbezogener und man hält sie meistens in der Wohnung, weil man nicht möchte, dass eine so teure Anschaffung draußen wie eine Selbstbedienungsware herumläuft. Was normal ist, kommt auf den Blickwinkel an. Im Vergleich zum Hund sind Katzen noch lange nicht so verzüchtet – von einigen Extremen einmal abgesehen. Aus der Sicht einer Katze wäre schon die Zucht an

Mit ein bisschen Übung lernen auch Rassekatzen noch Mäuse fangen.

sich nicht normal bzw. natürlich, denn eigentlich sucht sich eine Katze ihren Lover lieber selbst aus. Auch gebären können die meisten Rassekatzen ganz allein, nur bei manchen muss der Züchter als Hebamme einspringen.

Sind Perserkatzen eigentlich ANGORAS?

Ältere Leute werden sich erinnern: Früher nannte man alle Langhaar-Katzen bei uns Angoras. Sie waren figürlich schlanker und hochbeiniger als heutige Perser, aber auch kräftiger als die ranken türkeistämmigen Katzen, die man heute Türkisch Angora nennt. Die Vorfahren der Perser sind wohl teils aus China nach Europa gebracht worden, teils aus dem Vorderen Orient. Vieles liegt hier im Dunkeln. Heute jedoch sind die Rassen klar getrennt: Zwischen der kompakten, heute nach Persien benannten Langhaar modernen Typs mit extrem kurzer Nase und der schlanken Türkisch

Angora liegen Länder, ja sogar Welten verschieden denkender Katzenfreunde, aber nur relativ wenige Jahre züchterischer Bemühung. Daneben gibt es noch die Türkisch Van, die durch ihre Freude am Wasser bekannt geworden ist. Die beiden aus der Türkei sind keine echten Langhaar, sondern werden als Halblanghaarkatzen klassifiziert. Ihr Haar ist tatsächlich nicht so lang, dicht und dick wie das der Perser.

Sind Europäisch
KURZHAAR-KATZEN
einfach nur Hauskatzen?

Das ist was für Logik-Freunde: Für Rassekatzenzüchter sind alle Katzen, die keiner Rasse angehören, Hauskatzen. Wenn man aber nun aus der Hauskatze eine Rasse züchtet, die den Ur-Typ der Hauskatze darstellen, also erhalten soll, dann wird dadurch die Hauskatze zur Rassekatze. Somit sind also Hauskatzen auch Rassekatzen. Da das aber nicht so ist, weil Hauskatzen nicht wirklich Rassetiere sind, nennt man die Ur-Hauskatze als Rasse Europäisch Kurzhaar. Somit gibt es also die Europäisch Kurzhaar als schöne Variante der normalen Hauskatze und es gibt schöne Hauskatzen als Variante der europäischen Kurzhaar-Katzen. Die Züchter verstehen das. Für sie sind die normalen Hauskatzen Mischlinge. Und die, man kann es nur vermuten, werden dann in 20 Jahren zur Rasse gezüchtet, um den Hauskatzentyp um die Jahrtausendwende zu erhalten. Von selbst erhält er sich nämlich nicht. Zu viele ungewollte oder gewollte Einkreuzungen von Rassetieren verändern das Aussehen der sich frei paarenden Katzen immer mehr. Die Europäisch Kurzhaar sieht stämmiger und runder aus als die meisten Hauskatzen. Würde sie ganz gewöhnlich aussehen, wer würde teuer für etwas bezahlen, das es auch geschenkt gibt?

Ist eine KARTÄUSER eine Britisch Kurzhaar?

Wer einen Blick über die bunte Katzenschar der Britisch Kurzhaar mit ihren mehr als 40 Farben wirft, entdeckt darunter eine alte Bekannte: Die Kartäuser, die heute als „Britisch Blau" geführt wird, zumindest in züchterinternen Kreisen. Wer sich mit Katzenrassen nicht so gut auskennt, den irritiert dieses Namensdurcheinander eher. Für ihn genügt zu wissen, dass praktisch alle Katzen, die in den Anzeigen als „Kartäuser" angeboten werden, Britisch Blau sind. Was dagegen als „echte Kartäuser" oder „Chartreux" bezeichnet wird, sind die relativ seltenen Nachkommen der Original-Kartäuserkatzen aus Frankreich. Die blaue Teddybärkatze ist also eine Britisch Kurzhaar, allerdings noch plüschiger, runder und auch ruhiger als die in den anderen Farben, was auf Einkreuzungen von Perserkatzen zurückzuführen ist.

Sind SIAMKATZEN dünnhäutig?

Die Siam und andere Orientalen (z.B. Balinese, Orientalisch Kurzhaar, Javanese) haben einen feurigen Charakter, der das Leben mit ihnen zu einem täglichen Erlebnis werden lässt. Auf die Freunde von ruhigen Katzen wirken sie nervös und schreckhaft. Aber sie sind gar nicht so dünnhäutig, sondern nur lebhaft, intensiv und manchmal ziemlich aufdringlich. Sie reden viel und laut und merken überhaupt nicht, wenn sie ihren Halter nerven. Sie fordern ihre Schmusestunde ein, und dass sie gelegentlich stören, kümmert sie wenig. Sie telefonieren mit ihrem Halter, sie unterbrechen Gespräche, sie haben einfach überall etwas mitzureden. Beim Kochen säßen sie am liebsten neben dem Topf, wenn sie dürften. Sie sind immer dabei. Außer wenn Besuch kommt – dann sind sie weg.

Sind PERSERKATZEN so grimmig, wie sie aussehen?

Vorurteile über Perserkatzen gibt es viele: Wer sie nicht kennt, hält sie für langweilig, träge, blasiert, mürrisch und ständig verschnupft, im wörtlichen und im übertragenen Sinne. Schuld daran ist nur die Nase – platt gedrückt sollte sie der kindlichen Rundform des Kopfes nicht im Weg sein. Züchter aus den USA trieben das mit dem Extrem-Typ des Peke-face-Persers (Pekinesengesicht) auf die Spitze, worauf sich ihre Kollegen hierzulande beeilten, auch solche Tiere auf dem Markt anzubieten. Das ist um 1990 herum noch so gewesen. Inzwischen kann die Perser ihre Nase darüber rümpfen. Auf sanften Druck durch das Tierschutzgesetz § 11b, dem so genannten Qualzucht-Paragraphen, hat sie wieder etwas vorzuzeigen, damit die Tränenkanäle nicht von Geburt an schon verstopft sind. Dank der noch immer kleinen Nase wirkt sie aber auf den Hauskatzen-Freund weiterhin mürrisch bis desinteressiert. Dieser Eindruck verliert sich, sobald man mit einer Perserkatze zusammenlebt. Dann sind Perserkatzen einfach nur noch lieb und setzen sich gerne auf den Schoß.

Kann man WALDKATZEN drinnen halten?

Von drauß' vom Walde kommen sie her – und es werden immer mehr. Waldkatzen sind schwer in Mode gekommen, zuerst die Maine Coon und die Norwegische Waldkatze, dann die Sibirische Katze und ihre Verwandte im Siamkleid, die Neva Masquerade. So wie ihre Namen klingen, so sind sie auch: Echt coole Katzen, die tatsächlich nicht gerne nur drinnen leben. Sogar die Züchter lassen diese Naturburschen gerne ins Freie, wenn auch nur in einen gesicherten Garten. Die Freude, die die Katzen daran haben, teilen die Züchter auf ihre Weise. Denn nur im Winter trägt eine Waldkatze dieses füllige, lange Haarkleid, das ein wenig zottelig am Körper herabfällt. Imposant sind dabei der buschige Schwanz, die dicke Halskrause und die Knickerbocker-Hosen aus Fell. Im Sommer trägt sie mit Ausnahme des buschigen Schwanzes beinahe kurzes Fell und wirkt so unscheinbar, dass deshalb die Schönheitswettbewerbe alle im Winter stattfinden, wenn das Fell in voller Pracht ist. Waldkatzen kann man aber trotz ihres Namens gut in der Wohnung halten. Sie brauchen viele Kletter- und Spielmöglichkeiten und am liebsten auch einen Platz an der frischen Luft (Balkon, sicherer Garten). Sie gehen auch gerne an der Leine und fahren sogar mit in den Urlaub.

Gibt es **EDELKATZEN** mit echtem Wildkatzenblut?

Eine frische Einkreuzung von Wildkatzen in Hauskatzen verbieten eigentlich international die Tierschutzgesetze. Da es aber biologisch möglich ist, reizt es die Züchter immer wieder, diese exotischen Fellzeichnungen in eine zahme Katze einzukreuzen, wohl wissend, dass sie damit auch wildkätzisches Verhalten mit einbringen. In Deutschland bekäme man für derartige Experimente keine Erlaubnis. Aber in den USA dürfen Züchter mit einigen Wildkatzenrassen experimentieren. Eine dieser Zuchten ist sogar in Europa anerkannt, die Bengal, entstanden aus Hauskatze, Abessinier und der wilden Bengalkatze. Savannah heißt eine neue Schöpfung aus Hauskatze mit Bengal und Serval. Der Serval hat immerhin die Größe eines mittelgroßen Hundes und trotzdem hat es geklappt, ihn einzukreuzen. Weitere Experimente wurden bekannt unter den Namen Kanaani (Hauskatze mit Falbkatze), Safari (Hauskatze und Bengal mit Kleinfleckkatze), Bristol (Hauskatze mit Langschwanzkatze), Chausie (Hauskatze mit Rohrkatze) und Pixie Bob (Hauskatze mit Rotluchs).

Warum sind
RASSEKATZEN so teuer? Eine Kat-

zenzucht ist keine Einkommensquelle, sondern ein Hobby. Wer wirklich damit Geld verdient, bekommt gleich zwei sehr unangenehme Probleme: Das Finanzamt bittet ihn zur Kasse, und gleichzeitig weist ihn der Zuchtverband aus seinen Reihen – und damit gibt's keine offiziellen Ahnentafeln mehr für diesen Züchter, und das Geschäft ist in der Regel kaputt. Aber das Finanzamt weiß schon, warum Katzenzüchter keine Umsatzsteuer zahlen müssen. Sonst könnten sie alle Kosten der Zucht steuerlich geltend machen und dann bleibt kein Gewinn mehr übrig. Für eine Rassekatzen-Zucht gibt man nämlich eine Menge Geld aus und darf die Zuchtkatzen nicht als „Gebärmaschinen" missbrauchen. Die großen Verbände schreiben vor, in welchen Zeiträumen und -abständen eine Katze Junge haben darf. Züchter, die unter dem 1. DEKZV tätig sind, dürfen eine Katze nur drei Würfe in zwei Jahren großziehen lassen. Wenn man Pech hat, kommen nur zwei Kätzchen pro Wurf

oder sogar nur eines lebendig zur Welt. Bei großen Würfen mag ein Plus herauskommen, aber das weiß der Katzenzüchter nicht vorher und kann es auch nicht einplanen.

Dürfen ZÜCHTER verlangen, so viel sie wollen?

Bei Rassekatzen gibt es enorme Preisunterschiede. Die Züchter sind in ihrer Preisgestaltung frei, orientieren sich aber an dem, was andere Vereinsmitglieder verlangen. Will der Käufer nur ein Tier zum Liebhaben und nicht damit züchten, bekommt er ein Kätzchen günstiger, etwa um die Hälfte der Summe, die man für ein hübsches Edelkatzenmädchen zahlen muss, das seine Schönheit an Nachwuchs weitergeben soll. Dafür aber verpflichtet sich der Käufer eines Liebhabertieres vertraglich, dieses kastrieren zu lassen, sobald es alt genug dazu ist. Die häufig gezüchteten Rassen wie Perser, Kartäuser, Maine Coon, Waldkatzen, Siam und einige mehr pendeln im Preis zwischen 350 und 500 Euro für Liebhabertiere und bis etwa 1 200 Euro für Zuchttiere. Es geht aber, vor allem in den USA, noch weit darüber. In der Rassekatzen-Szene zahlt man Preise wie für ein neues Auto, will man eines der seltenen Exemplare neuer Rassekreationen haben. Die Interessenten warten manchmal Jahre auf ein solches Kätzchen und zahlen Preise bis zu 20 000 Euro, etwa für die Wildkatzenmischlingsrassen „Safari" oder „Savannah".

Warum bringt man die Katze zum DECKKATER und nicht umgekehrt?

Der Grund ist ganz einfach: Die Katze wird von selbst rollig und kommt in Laune. Der Kater muss erst durch die weiblichen Duftreize in Stimmung gebracht werden. Und das geht nicht ganz so schnell und einfach. Ein Freilaufkater riecht zuerst die Verlockung, rennt dann meilenweit und kommt schon in Fahrt bei der rolligen Katze an. Der Deckkater weiß von nichts, bis man ihm plötzlich eine Mieze fix und fertig zum Vernaschen serviert. Nun müssen die Hormone im Schnellgang durch den Körper. Was ihm in dieser Situation die Petersilie endgültig verhageln würde, ist eine Anreise zur Liebsten im Katzenkorb. Also bringt man die Katze zu ihm. Nach einigen Begrüßungs-Feindseligkeiten geht das Fauchen in Kokettieren über und die Transportbox darf geöffnet werden. Jetzt soll man nicht stören. Neugierige Blicke oder gar durch Maschendraht herüberpfotelnde Miezen von nebenan können die beiden Hochzeiter aus dem Tritt bringen – ebenso das erwartungsvolle „Nun mach schon!" der Halter. Wenn es nicht geklappt hat, darf der Züchter seine Katze noch ein zweites Mal bringen, um dem Kater Gelegenheit zur Nachbesserung zu geben.

Warum verpasst die KÄTZIN ihrem Lover nach der Paarung Ohrfeigen?

Mit Liebe hat das Spiel der Geschlechter bei den Katzen nicht viel zu tun. Die Szenen, die sie sich liefern, sehen nach Kampf und nicht nach lustvoller Umgarnung aus. Kommt der Kater zur Sache, packt er das Weibchen mit den Zähnen am Kragen, was bedeutet: Du entwischst mir nicht mehr! Kaum fertig, bekommt er die Retourkutsche: Sie verpasst ihm ein paar tüchtige Ohrfeigen. Nicht nur, dass sie allmählich genug von dem Fremden hat, der ihr im Nacken sitzt. Sie hat auch Schmerzen, denn der Kater hat einen kleinen Widerhaken an einer Stelle, wo man eigentlich keinen vermutet. Und trotzdem gibt sich die Katze nicht mit nur einem Mal oder nur einem Kater zufrieden.

Sind KATZENAUS-STELLUNGEN Tierquälerei?

Wer einmal eine solche Veranstaltung besucht hat, wird angesichts der Käfige voller Katzen vor Mitleid überfließen. Bei genauem Hinsehen sind die „Ausstellungsstücke" dann gar nicht so arm dran, sondern völlig zufrieden, teils im Käfig, teils auf dem Schoß ihrer Halter und verschlafen das meiste. Eine verstörte Katze benimmt sich anders. Showfähigkeit ist einfach nur eine Sache der Gewöhnung von klein an. Die Mehrzahl der Katzen, auch die der Rassetiere, kennt einen solchen Betrieb nicht und würde darauf total verstört reagieren. Aber die, die dort ausgestellt sind, leiden nicht unter dem Showrummel. Würde eine solche Beauty auf dem Richtertisch zum Biest, disqualifizierte dieser sie einfach und der ganze Aufwand mit den hohen Kosten für die Anreise und Unterkunft wäre vergeblich gewesen. So nehmen die Züchter schon die Kitten, also die Kätzchen, mit und gewöhnen sie an die Szenerie.

Dürfen auch HAUSKATZEN auf Ausstellungen?

Mit einer Hauskatze kann man für wenige Euro an einer Ausstellung teilnehmen und sie wie eine Rassekatze bewerten lassen. Einen Championtitel gibt es jedoch nicht, selbst wenn die Hauskatze oft genug erfolgreich an einer Show teilnehmen würde. Denn sie ist ja bloß eine Hauskatze und ihre Zucht folgt keinen Schönheitsregeln. Manchmal werden auch reine Hauskatzen-Shows veranstaltet. Dort sind sie unter sich, was als Spaß anzusehen ist, wie die Mischlingsausstellungen bei Hunden. Obwohl Hauskatzen auf Shows gebracht werden, stellt sich die Frage nach dem Sinn. Denn dadurch wird eine Hauskatze nicht plötzlich zum begehrten Zuchttier, das teuren Nachwuchs bekommen kann. Die Kosten für eine Ausstellung sind beträchtlich (vor

allem Hotel und Anreise) und werden durch den Verkauf der Jungtiere normalerweise aufgefangen. Für Hauskatzen-Halter heißt
dies: Außer Spesen nichts gewesen. Hauskatzen zur Show mitzu-
nehmen lohnt sich praktisch nur für den, der ohnehin mit einem
Rassetier gemeldet ist. Dann darf die Hauskatze auch mit, damit
sie nicht allein bleiben muss.

Gibt es **VERBOTENE** Rassen?

Das Tierschutzgesetz verbietet keine Rassen, sondern das Züchten
von Merkmalen, die als erhebliche gesundheitliche Beeinträchtigung anzusehen sind. Das Gesetz gilt bundesweit, die Umsetzung
aber ist Ländersache. Die hatten dann allerdings ziemliche Probleme, für die Katzenzucht Richtlinien aufzustellen. Das Land Hessen
ging hier richtungsweisend vor. Es setzte folgende Eigenschaften
einer Katze auf die Tabu-Liste:

▶ Kurz- oder Schwanzlosigkeit bei Manx und Cymric. Somit sind
diese Rassen verboten, weil sie mit Schwanz keine Manx oder Cymric (Manx mit etwas längerem Fell) mehr wären.

▶ Kipp- oder Faltohr bei Scottish Fold oder Pudelkatze. Auch sie
definieren sich über das verbotene Merkmal.

▶ Haarveränderungen bei Rex- und Sphynxkatzen (Nacktkatzen),
sofern im Einzelfall die Tasthaare, also die Schnurrhaare, derart
betroffen sind, dass sie ihre Funktion nicht erfüllen können.

▶ Kurzköpfigkeit, die bei vielen Rassen, insbesondere bei Perserkatzen und Exotic Shorthair, Zuchtziel ist, sofern im Einzelfall eine
hierdurch bedingte Beeinträchtigung des Tieres, wie z. B. Röcheln
oder tränende Augen infolge verengter Atemwege oder Tränenkanäle, erkennbar ist.

▶ Über das W-Gen vererbte weiße Fellfarbe bei verschiedenen
Rassen.

Wie übersetzt man
ZÜCHTER-CHINESISCH?

Was Züchter so reden, versteht kein Mensch, der sich noch nicht mit Katzenzucht befasst hat. Smoke shaded ticked mackerel – hat da ein Raucher einen Schatten, einen Tick, eine Macke? Nein, das sind Fellfarben bzw. Muster. Gerade bei Fell und Farben gibt es eine Vielzahl von Spezialausdrücken. Hier eine Liste der Begriffe, über die Katzenfreunde immer wieder stolpern:

Points – Abzeichen, die dunklen Stellen an Ohren, Pfoten und Schwanz

Agouti – Wildfärbung, Bänderung jedes Haares

Bicolour – zweifarbig, gescheckt

Cattery – Zwinger des Katzenzüchters

Cobby – schwerer gedrungener Katzenkörper-Typ (Perser)

Geisterzeichnung – nur leicht sichtbare Streifenzeichnung
    des Fells

Kennel – Transportkorb, engl. auch Zwingername

Kitten – Jungtier

Litter – Wurf

Maske – Siamzeichnung des Kopfes.

Odd eyed – ein Auge blau, ein Auge orange

Pinch – Wangen-Einbuchtung bei langer Nase

Tabby – gestromt, gestreift oder gepunktetes Fell

Torbie – Schildpatt in Kombination mit Tabby-Muster

Tortie – Schildpatt (Dreifarbigkeit)

Was steht in einer
AHNENTAFEL? Eine Ahnentafel ist viel

mehr als nur eine Art Geburtsurkunde für eine Rassekatze. In ihr stehen zwar auch alle Vorfahren, bis hin zu den Großeltern der

Großeltern, also den Ururgroßeltern. Die Zuchtvereine vermerken in der Ahnentafel auch die Auszeichnungen und Titel, die eine Zuchtkatze errungen hat. Die im Stammbaum rot gekennzeichneten Champions sagen viel aus über die Qualität der Zuchttiere, deshalb lassen sich die Züchter die Ahnentafeln für ihre Tiere immer wieder aktualisieren. Je roter eine Ahnentafel ist, desto mehr hochqualifizierte Zuchtkatzen und -kater sind unter den Ahnen des betreffenden Tieres.

Auf jeder Ahnentafel ist die Angabe des ausstellenden Vereins vermerkt. Oben quer steht der Name der Katze eventuell mit seinem aktuellen Titel. Ganz links in der Reihe stehen die Eltern, oben der Vater, darunter der Zwingername, unter dem er gezüchtet wurde, die Farbnummer und zuletzt die Zuchtbuch-Nummer. In weiteren Spalten wiederholen sich diese Angaben für die Mutter. Entsprechend geht die Reihe weiter bis zu den Ururgroßeltern.

Sind manche Rassen KINDER-FREUNDLICHER als andere?

Rassekatzen sind mehrheitlich kinderfreundlich veranlagt. Es kommt aber auch darauf an, ob sie mit Kindern aufgewachsen sind. Wer einem Kind den Wunsch nach einer Katze erfüllen möchte, sucht sich am besten einen Züchter, der selbst Kinder hat und somit Jungtiere verkauft, die schon mit „kleinen Monstern" Erfahrung haben. Das ist wichtiger als die Rasse. Wählt man diese zusätzlich sorgfältig aus, hat man von Seiten der Katze alles getan, was möglich ist. Als besonders kinderfreundlich gelten die Rassen Abessinier, Bengal, Burma, Egyptian Mau, Hauskatze, Ocicat, Orientalisch Kurzhaar, Rex, Siam und Singapura. Jetzt muss man nur noch das Kind zum richtigen Umgang mit der Katze erziehen.

Wie viel verrät die Fellfarbe?
... und 17 weitere Fragen über die Qual der Katzenbabywahl

Warum sind die ersten LEBENSWOCHEN so bedeutsam?

Wir müssen sie nehmen, wie sie sind. Obwohl sie erst acht, zehn oder zwölf Wochen alt sind, kommen mit jungen Kätzchen schon fertige kleine Persönlichkeiten zu uns. In entscheidenden Wesensmerkmalen können sie sich gar nicht mehr ändern, selbst wenn sie wollten. Was Katzenbabys zwischen der dritten und achten Woche erleben, prägt sie für den Rest ihres Lebens – positiv oder negativ. Treffen sie in dieser Zeit nur freundliche Menschen, lieben sie uns. Wird ein Kätzchen jetzt jedoch nicht liebevoll behandelt, trägt es Angst und Misstrauen in sich, selbst dann, wenn es einem sehr einfühlsamen Menschen gelingt, sich mit ihm anzufreunden. Deshalb ist die Zuwendung, die es zwischen der dritten und achten Woche bekommt, später durch nichts mehr zu ersetzen.

Ein Kätzchen zu früh von der Mutter wegzuholen, um es noch mitprägen zu können, ist keine Alternative, denn der Verlust der Mutter fördert Unarten wie plötzliche Aggression, Nuckeln an Stoff und Haut und andere Macken, die man ihm kaum wieder abgewöhnen kann. Außerdem prägt es ein Kätzchen unter Umständen zu sehr auf seine „Ziehmutter". Und fahren Sie mal in Urlaub, wenn Sie wissen, dass Ihr Kätzchen zu Hause vor Kummer nichts frisst – nicht einmal bei liebevollster Betreuung!

Was prägt das WESEN
einer Katze? Es ist leicht möglich, dass eine charakterliche Typisierung von 100 Katzen keine zwei gleichen Beschreibungen ergibt. Das könnte bei Ameisen, Schwarmfischen oder Zugvögeln kaum passieren. Denn die sind nur im Zeichentrickfilm individuelle Persönlichkeiten mit Ecken und Kanten. Im realen Leben haben nur solche Tiere eine Persönlichkeit, die für ihr Leben eigene Entscheidungen treffen. Die Katze etwa. Geboren, um als Solist durchs Leben zu gehen, hat sie einen relativ großen Spielraum, in dem sich ihre Katzenindividualität entwickeln kann. Darauf nehmen dann die Wurfgeschwister, das Alter, die allgemeinen Lebensumstände, der Gesundheitszustand, Erbanlagen und plötzliche, tief greifende Ereignisse Einfluss.

Sollte man den VATER
der Kätzchen kennen? Interessanterweise beeinflussen die väterlichen Gene das Verhalten einer Katze mehr als die mütterlichen Erbanlagen. Seine Gene spielen eine deutlich größere

Rolle für die Menschenfreundlichkeit von Katzen, als man bislang annahm. So hat der Schweizer Forscher Dr. Dennis C. Turner herausgefunden, dass in einer bestimmten Kolonie von Katzen fast alle Tiere, die man als menschenfreundlich eingeschätzt hatte, erstaunlicherweise vom selben Kater abstammten, unabhängig davon, ob der Nachwuchs überhaupt Kontakt mit dem Vater hatte. Wer eine anhängliche Mieze möchte, sollte sich wenn möglich den Erzeuger des ausgewählten Katzenbabys ansehen.

Wovon hängt die NERVENSTÄRKE einer Katze ab?

Manche Katzen sind richtig cool: Sie fahren mit in den Urlaub, lassen sich von Kindern rumschleppen, kommen täglich mit zur Arbeit, sitzen in Boutiquen herum, fahren gerne mit im Auto, machen ungerührt bei einem Showrummel mit. So gute Nerven haben nicht viele Katzen. In einer kinderreichen Familie brauchen sie diese aber, sonst sind sie dort ständig auf der Flucht. Mit einer Rassekatze sind die Chancen auf ein in sich ruhendes Kätzchen größer, als wenn man ein Jungtier unbekannter Herkunft zu sich holt. Trotzdem hängt die Nervenstärke einer Katze weniger von der Rasse, sondern vielmehr von den Aufzuchtbedingungen ab. Diese sollten liebevoll, aber nicht zu ruhig und langweilig sein, damit eine Katze sich an Lärm und Unruhe gewöhnen kann. Dazu gehört, dass das Jungtier keine allzu schlechten Erfahrungen mit Kindern, Autofahren etc. macht. Als besonders nervenstark und kinderfreundlich gelten Abessinier, Balinese, Bengal, Britisch Kurzhaar, Burma, Egyptian Mau, Exotic Shorthair, Ragdoll, Maine Coon, Norwegische Waldkatze, Ocicat, Perser, Rex. Aber darauf verlassen sollte man sich lieber nicht.

Gibt es für Katzenkinder einen WESENSTEST wie bei Hunden?

Ein Welpentest, ähnlich dem junger Rassehunde, gibt es bei Katzen nicht und wird es vielleicht auch nie geben, weil Katzen nicht für einen bestimmten Arbeits- oder Sportbereich zu begeistern sind. Einer ihrer auffälligsten Wesenszüge ist nämlich genau dieser Unwille, sich abrichten zu lassen. Sie besitzen zwar viele Charakterzüge, die zu züchten Sinn machen würden, etwa eine hohe Reizschwelle, Familienfreundlichkeit, Häuslichkeit etc. Aber das sieht man in Züchterkreisen bislang nur ansatzweise und es wird auch nicht planmäßig verfolgt. Denn das, was wirklich zählt, ist Schönheit, Gesundheit und die Bereitschaft einer Katze, bei einer Katzenausstellung mitzumachen.

Einmal SCHEU, immer scheu?

Ein halb verwildertes Kätzchen bei sich aufzunehmen, ist etwas für Menschen mit diesem besonderen Draht zu Katzen, den sich andere oft nicht erklären können. Die Methode sieht so einfach aus: Spielen, füttern, schmusen. Spielen, füttern, schmusen. Und wieder von vorne. Ungeklärt bleibt, was diese Katzenfreunde dem Kätzchen denn flüstern, damit es überhaupt unterm Sofa hervorkommt und sich anfassen lässt. Auch in einem ganz normalen Wurf gibt es scheue, aber doch einigermaßen handzahme Kätzchen. Sie können trotz ihrer Scheu sehr anhängliche Freunde werden, etwa wenn sie durch den Umzug ein ungehobeltes Geschwisterchen losgeworden sind. Solche unkomplizierten Rabauken sind dagegen manchmal nicht nur gut Freund mit der eigenen Familie, sondern auch mit allen in der Nachbarschaft und mehr als einem lieb ist. Am Verhalten der Kätzchen kann man somit noch nicht sicher ablesen, wie es sich im neuen Zuhause verhalten wird.

Erobern die KRÄFTIGSTEN Kätzchen die ergiebigsten Zitzen? Das

rote, das schwarze, das graue, das getigerte Kätzchen. Wenn sie nach der Geburt so nebeneinander an der Mama trinken, behalten sie diese Reihenfolge auch künftig bei und kämpfen sogar um ihre Plätze. Ein Katzenkind, das sich versehentlich an der falschen Zitze vergriffen hat, lässt sich ganz leicht auf seinen richtigen Platz schubsen. Von der richtigen Quelle wird es sich dagegen nicht wegzerren lassen, obwohl es noch blind, halb taub und wacklig auf den Beinen ist. Diese erstaunliche Fähigkeit neugeborener Kätzchen ist nicht hundertprozentig geklärt. Man nimmt an, sie können ihren Platz am Geruch erkennen, der schon bei den ganz Kleinen gut entwickelt ist. Aber vielleicht ist dies nur die halbe Wahrheit. Es kann auch am Geschmack der Zitze liegen, eine Erklärung, die auch nicht ganz überzeugt, denn warum sollten die Zitzen eigentlich überhaupt unterschiedlich schmecken oder riechen? Denkbar ist auch, dass die Kleinen sich an ihrem Nachbarn orientieren und instinktiv wieder dort liegen wollen, wo sie sich schon auskennen. Manche halten es auch für möglich, dass diese Ordnung nicht zufällig an der Milchleiste entstanden ist, sondern der Platzierung im Mutterleib folgt. So weit lässt sich diese Zitzenpräferenz genannte Eigenschaft der Katzen nachvollziehen. Erstaunlicherweise verliert sie sich jedoch allmählich bei den Rassekatzen. Es lässt sich vermuten, dass die Zitzenpräferenz mit dem Überlebenskampf zu tun hat. Das würde bedeuten, dass das kräftigste Kätzchen auch die ergiebigste Milchquelle erobert.

Ist in jedem WURF ein Katerchen? Bei den Katzen scheint die Anwesen-

heit eines Jungen im Wurf sehr wichtig zu sein. Warum und wie macht eine Katze das? Der britische Katzenforscher Bruce Fogle glaubt, dass der Grund für das Pflicht-Männchen im Wurf im späteren Sozialverhalten und in der Entwicklung der Jungtiere liegt. Für die Weibchen, denen das Spiel mit Gegenständen weniger liegt als das Gerangel miteinander, sei es von Vorteil, wenn sie von Brüdern auch das Objektspiel lernen. In Studien zeigte sich, dass Weibchen, die mit Brüdern groß werden, nicht nur deutlich mehr mit Gegenständen spielen und auch das volle Repertoire des Gemeinschaftsspiels entwickeln, als solche, die nur mit Schwestern aufwachsen. Wie die Natur es fertig bringt, dass in fast allen Katzenwürfen mindestens ein männliches Tier ist, erklärt der Forscher damit, dass eine der weiblich befruchteten Eizellen im Mutterleib praktisch eine Geschlechtsumwandlung erfahren und sich dann als männliches Tier entwickeln würde.

Wie kann man das GESCHLECHT eines Jungtiers bestimmen?
In den ersten zwei bis drei Tagen lässt sich die Geschlechtszugehörigkeit von Katzenkindern am leichtesten bestimmen. Verpasst man diesen Moment, wird es wochenlang nicht gut zu erkennen sein. Bei kleinen Katern ist die Entfernung von Geschlechtsteil bis zum After mit ca. 1,5 Zentimetern größer als bei einem Weibchen, bei dem Vagina und After ganz eng beieinanderliegen. Später, wenn die Kätzchen abgeholt werden, kann man ein Männchen von einem Weibchen wieder leichter unterscheiden.

Warum soll man Kätzchen erst mit ZWÖLF WOCHEN von der Mutter trennen?
Früher waren es acht Wochen, jetzt sind es zwölf. Doch was gewinnt ein Kätzchen in diesen weite-

ren vier Wochen bei der Mutterkatze? Es wird ausgeglichener, zutraulicher, unkomplizierter und wird viel weniger Macken entwickeln als ein früh von der Mutter weggeholtes Kätzchen. Mit acht Wochen ist zwar die Säugephase weitgehend abgeschlossen, aber noch nicht die mütterliche und so wichtige Erziehung. Die fängt jetzt erst richtig an. Das Kätzchen lernt sehr viel von der Mutter, etwa wie es eine Maus erwischt und mit anderen Katzen umgeht, wovor es sich schützen muss und was ungefährlich ist. Es gewinnt an Zuversicht, Lebenserfahrung und Selbstbehauptung. Wer ein ausgeglichenes Kätzchen möchte, sollte daher kein zu junges bei sich aufnehmen.

Wie viel verrät die FELLFARBE?

Die Fellfarbe, so sagen Züchter, ist mit bestimmten Charaktereigenschaften verbunden. Eine größere Untersuchung dazu gibt es nicht, nur Daten aus einer Umfrage des britischen Tiermediziners Bruce Fogle. Und die ergab zwar eine gewisse Übereinstimmung innerhalb einer Rasse, nicht jedoch rasseübergreifend. Schwarz zum Beispiel wird bei der Hauskatze mit gutmütig verbunden, bei der Perser mit loyal und misstrauisch gegenüber Fremden. Weiß wird mal als lebenstüchtig und freundlich (Hauskatze), mal als ruhig (Perser) angesehen. Zweifarbige Katzen werden von Perserfreunden als gelassen erlebt, von Hauskatzenfreunden als gutmütig und freundlich. Rot gilt als nett, Blau als sanft und liebevoll, Tabby als ausgeglichen. Da so viel anderes das Wesen einer Katze stärker beeinflusst als die Fellfarbe, darf man diese Typisierung nicht so ernst nehmen. Sicherer ist, was die Fellfarbe noch verrät: Bunte Kätzchen, also dreifarbige in Rot, Braun und Schwarz, oder die vierfarbigen, die auch noch Weiß dabei haben, sind in der Regel weiblich. Rote Katzen bzw. die Rottiger sind fast immer Kater. Und weiße oder fast weiße Katzen sind häufig taub.

Von wem übernimmt man besser
KEIN KÄTZCHEN? Bei manchen

so genannten Züchtern geht es zu wie in einem Ramschladen, und es sieht dort auch so aus. Sie vermehren in schummerigen und schmutzigen Kellerräumen kranke Katzen oder Hunde, meist mehr als eine Rasse und verschleudern sie weit unter dem normalen Züchterpreis. Die Kätzchen werden nicht da hergezeigt, wo sie den ganzen Tag zubringen, sondern in einer Küche oder einem Wohnzimmer, wo man mit genügend Aufmerksamkeit sehen kann, dass hier keine Katzenfamilie dauerhaft lebt. Damit der Käufer bei verklebten Augen oder kahlen Stellen im Fell des Kätzchens nicht misstrauisch wird, tischen sie eine herzzerreißende Geschichte auf und spielen die Symptome herunter. Auf eine Prüfung des Käufers und dessen Zuhause legen sie keinen Wert, auch nicht auf einen Kaufvertrag. Eine Ahnentafel gibt es für dieses Tier „zufällig" nicht und wenn doch, ist sie nur auf dem PC-Drucker ausgeprintet und mit Phantasienamen gefüllt. Und schließlich setzen sie einen zögernden Interessenten unter Druck, indem sie einen anderen potentiellen Käufer erwähnen. Spätestens jetzt muss man konsequent aufstehen und gehen und am besten das zuständige Veterinäramt informieren. Mitleidskäufe unterstützen diese Methode und kranke Tiere kommen letztlich mit den Tierarztkosten viel teurer als eine gesunde Edelkatze.

Ein Kätzchen aus dem
TIERHEIM oder von privat? Im

Asylgehege sitzen die Nobodys, die Scheunentiger, die Feld-Wald-und-Wiesen-Katzen, die einfach zur Welt kommen, ohne dass einer sie gewollt hat. Wer dort auf Kätzchensuche geht, verzichtet schon von vorneherein auf die feline Ahnenforschung. Denn Rassekatzen mit Papieren gibt's dort nur ausnahmsweise. Tierschützer halten nicht viel von Katzenzucht, solange die Tierheime überfüllt sind. Sich da für eine Rassekatze zu entscheiden, weckt das schlechte Gewissen. Dabei ist es vielmehr so, dass die Züchter sich Mühe geben, gesunde und liebevolle Jungtiere großzuziehen, während sich manche Hauskatzenbesitzer kein Gewissen daraus machen, eine unkastrierte Katze zu halten und deren Junge zweimal im Jahr ins Tierheim zu verfrachten. Hat sich der Halter wenig mit den Katzen beschäftigt, merkt man das an der Scheu der Kätzchen. Das muss aber nicht sein. Es gibt auch verantwortungsvolle Hauskatzenbesitzer, die ihre Katze nach dem Wurf kastrieren lassen und selbst für den Nachwuchs gute Plätze suchen, etwa durch eine Kleinanzeige.

Genießen KATZENKINDER Welpenschutz?

Wenn fremde Katzenkinder ins Haus kommen, knurren die schon älteren Katzen erst ein bisschen und sehen dann zu, dass sie wegkommen. Wüste Schlägereien sind zwischen Altkatze und Jungtier nicht zu erwarten, solange das Kleine noch wirklich klein ist und nicht schon halbwüchsig. Dennoch genießen Babys nur eingeschränkten Welpenschutz. Streuner-Kater, die nicht die Väter dieses Wurfes sind (und so schlau sind Kater dann doch), die aber gerne die Weibchen auf dem Bauernhof verführen würden, beißen einmal kräftig und grausam in den Nacken der Babys. Sie gehen über Leichen, nur um selbst möglichst schnell bei den Weibchen landen zu können.

Sind Katzenkinder von klein auf STUBENREIN?

Am Ende der dritten Lebenswoche sind Katzenkinder aus dem Gröbsten raus. Länger brauchen sie die Unterstützung der Mutter bei der Verdauung nicht. Diese steht zwar noch für den Ausnahmefall bereit, um bei Problemen sofort mit einer Bäuchleinmassage einzuspringen, aber so allmählich werden die Kleinen geschäftsfähig und erledigen auch ihre „Ablage" ordnungsgemäß. Wenn Kätzchen um die fünfte Lebenswoche herum allmählich an Katzenfutter gewöhnt werden, riechen auch ihre Ausscheidungen unangenehmer. Das ist jetzt der

geeigneter Moment, die Babys an ein Katzenklos zu gewöhnen. Anfangs stellt man nur eine kleine, flache Katzenkinder-Toilette in der Nähe des Wurflagers auf und setzt das Kleine nach dem Fressen oder Trinken hinein. Von dort aus findet das Kätzchen normalerweise auch wieder allein zurück, nachdem es brav sein Geschäft vergraben hat. Das Zuscharren ist eine angeborene Verhaltensweise. Das Akzeptieren eines Katzenklos als das passende Scharr-Ambiente ist dagegen einer der ersten Lernerfolge im Leben einer jungen Katze.

Wer PASST zu wem?
Sieht man schon in der Katzenkinderstube, dass sich zwei dauernd streiten, dann ist es besser, nicht gerade diese zwei zusammen zu nehmen. Sonst geht das Hauen und Stechen zuhause weiter. Die zweite Katze muss auch nicht unbedingt aus demselben Wurf sein. Hauptsache, beide sind noch keine überzeugten Einzeltiere geworden. Eine junge Katze zu einer alten zu gesellen geht am besten mit den gutmütigen Rassen wie Hauskatze, Perser, Ragdoll, Birma, Norwegische Waldkatze oder Maine Coon. Eine Siam, OKH, Burma oder Abessinier bricht mit einem frechen „Hoppla, jetzt komme ich" in die Welt der Altkatze ein. Und das kann zu ordentlichen Spannungen führen.

Ist der Umzug ins NEUE ZUHAUSE ein Schock fürs Katzenkind?
Wenn Sie Ihr Kätzchen holen, sollten Sie ein paar Tage frei haben oder viel zu Hause sein, damit es keinen Einsamkeits-Schock bekommt. Immerhin war es bis dahin bei Mutter und Geschwistern und somit nie allein. Bei der Ankunft stürzen sich zuerst zu viele Leute gleichzeitig auf das Kleine, was ihm auch nicht gefällt. Und dann geht, wenn das Tierchen Pech hat, jeder wieder seiner Beschäftigung nach und es bleibt stundenlang allein zurück. An den ersten Tagen braucht es Gelegenheit, die Räumlichkeiten zu erkunden. Es muss sofort sehen, wo Toilette und Näpfe stehen. Eine Leckerei im Futternapf zur Begrüßung ist

eine gute Idee. Wenn Sie andere katzenfreundliche Haustiere haben, ermöglichen Sie möglichst bald den ersten Kontakt, aber nacheinander. Ist sichergestellt, dass keiner den Neuzugang beißen wird, mischen Sie sich möglichst wenig ein. Die Tiere regeln ihr Miteinander selbst. Und sie lassen das Kleine in Ruhe, wenn es schlafen möchte. Das sollten wir Menschen dann auch tun.

Ist ein Kätzchen eher eine Zumutung für die ALTKATZE?

Senior-Miezen, die sich mit einem vierbeinigen Partner gut verstanden haben, arrangieren sich mit einem Neuling schon irgendwie, auch wenn sie tatsächlich noch um den Verlust des bisherigen Freundes trauern. Trotz ihres hohen Alters sind sie noch eher bereit, einen neuen Kameraden in ihrem Zuhause willkommen zu heißen als eine Katze, die bisher ohne weitere Katze bei Ihnen gelebt hat. Ein junges Kätzchen wird manchmal gerne bemuttert, aber es besteht auch die Gefahr, dass das Kleine die Große nervt. Die Altkatzen wollen auch in Ruhe ergrauen und nicht mit Grauen bis zur letzten Ruhe leben.

DANK an Mann, Katzen, Klaus

Ich danke allen, die mich während der letzten Arbeitswochen an diesem Buch ausgehalten haben, meinem Mann, der selbstversorgend 18 Kilo abnahm, meinen beiden Katzen, die hartnäckig inspirierend das Büro belagerten, Klaus Espermüller, der vom Karikaturisten zum Katzikaturisten mutierte, und meinen Freunden, die korrigierend auf mich und meine Texte einwirkten.

Die Informationen und Ratschläge in diesem Buch sind sorgfältig ausgearbeitet und zusammengestellt worden. Eine Garantie kann dennoch nicht übernommen werden, da jeder Fall für sich beurteilt werden muss, sich das Wissen um Katzen ständig erweitert und auch ein Irrtum nicht ausgeschlossen ist.

Isabella Lauer

Service

Zum Weiterlesen und Weiterclicken

Empfehlenswerte Bücher

Mehr von Isabella Lauer ...
Meine Katze. 2004.
Wenn Katzen reden könnten.
Verhalten und Körpersprache verstehen. 2002.
Zwei Katzen – doppeltes Glück. Auswahl, Eingewöhnung
und harmonisches Zusammenleben. 2004.

Katzenhaltung
Grimm, Hannelore: **Ein Kätzchen kommt ins Haus.** 2002.
Grimm, Hannelore: **Glückliche Wohnungskatzen.** 2002.
Grimm, Hannelore: **So fühlt sich meine Katze wohl.**
Haltung, Pflege, Fütterung, Beschäftigung. 2002.

Katzensprache und Verhalten
Bessant, Claire: **Die Geheimnisse der Katzensprache.** 2004.
Bohnenkamp, Gwen und Dr. med. vet. Renate Jones-Baade:
Was Katzen wirklich brauchen.
Verhalten verstehen und Probleme lösen. 2004.
Faustmann, Ingo: **Katzensprache verstehen.** 2002.
Seidel, Denise: **Wenn meine Katze Probleme macht.**
Katzenverhalten verstehen, Probleme lösen. 2005

Gesundheit

Becvar, Dr. med. vet. Wolfgang: **Naturheilkunde für Katzen.** Grundlagen, Methoden, Krankheitsbilder. 2003.

Dr. Wolf: **Tiersprechstunde für Katzen.** 2003.

Kraa, Gisela: **Bach-Blüten für Katzen.** 2002.

Laukner, Dr. med. vet. Anna: **Wenn meine Katze krank ist.** Krankheiten vorbeugen und heilen. 2002.

Mahkorn, Dr. med. vet. Medea: **Erste Hilfe für meine Katze.** Symptome erkennen – Maßnahmen ergreifen. 2002.

Tellington-Jones, Linda: **TTouch für Katzen.** Sanft und liebevoll berühren – der neue Weg zu Harmonie, Gesundheit und Wohlgefühl. 2002.

Internetadressen

Allgemeine Informationen
www.geliebte-katze.de
www.katze-und-du-de
www.katze.meintier.de
www.welt-der-katzen.de

Zucht-Verbände
www.wcf-online.de
www.dekzv.de
www.deutsche-edelkatze.de
www.dru.de
www.oevek.at
www.kkoe.org
www.ffh.ch

Nützliche Adressen

1. Deutscher Edelkatzenzüchter-Verband e.V.
Berliner Str. 13
35614 Asslar

Deutsche Edelkatze e.V.
Geisbergstr. 2
45139 Essen

DRU Deutsche Rassekatzen-Union
Hauptstr. 56
56814 Landkern

KKÖ Klub der Katzenfreunde Österreichs
Castellezg. 8/1
A – 1020 Wien

ÖVEK Österreichischer Verband für die Zucht und Haltung von
Edelkatzen
Liechtensteinstr. 126
A – 1090 Wien

FFH Federation Feline Helvetique
Solothurner Str. 83
CH – 4053 Basel

Register

Mit 42 Cartoons von Klaus Espermüller

Genehmigte Lizenzausgabe für Verlagsgruppe Weltbild GmbH,
Steinerne Furt, 86167 Augsburg
Copyright der Originalausgabe
© 2006, Franckh-Kosmos Verlags-GmbH & Co. KG, Stuttgart

Umschlaggestaltung: Büro 18, Friedberg
unter Verwendung eines Cartoons von Klaus Espermüller
Gesamtherstellung: CPI – Clausen & Bosse, Leck
Printed in the EU
978-3-8289-3464-1

2013 2012 2011
Die letzte Jahreszahl gibt die aktuelle Lizenzausgabe an.

Einkaufen im Internet:
www.weltbild.de